ZEITSCHRIFT FÜR ANGEWANDTE GEOLOGIE

HERAUSGEGEBEN VOM
ZENTRALEN GEOLOGISCHEN INSTITUT
IM AUFTRAG DES
STAATSSEKRETARIATS FÜR GEOLOGIE

AUS DEM INHALT

H. Hetzer
Die mineralischen Ressourcen des Meeres
Probleme ihrer Erforschung und Aspekte ihrer Bedeutung für die Deckung des Bedarfs an mineralischen Rohstoffen

A. W. Sidorenko
Einige Fragen der Entwicklung der Petrographie

C. Geißler & L. Belau
Zum Verhalten der stabilen Kohlenstoffisotope bei der Inkohlung

G. Schwab
Über ein einfaches Verfahren zur Klassifizierung geologischer Objekte

F. Stammberger
Methodischer Vorschlag zur Bestimmung von Preisen für geologisch erkundete Vorräte

G. Katzung
Zur fluviatilen Gerölleinregelung

AKADEMIE-VERLAG · BERLIN

BAND 17 / HEFT 1/2
JANUAR / FEBRUAR 1971
SEITE 1–60

	INHALT	СОДЕРЖАНИЕ	CONTENTS	

HETZER, H.	Die mineralischen Ressourcen des Meeres Probleme ihrer Erforschung und Aspekte ihrer Bedeutung für die Deckung des Bedarfs an mineralischen Rohstoffen	Минеральные ресурсы моря проблемы их исследования и аспекты их значения для покрытия потребности в минеральном сырье	The Mineral Resources of the Sea Problems of their Investigation and Aspects of their Importance to Satisfy the Demand for Mineral Raw Materials	1
SIDORENKO, A. W.	Einige Fragen der Entwicklung der Petrographie	Некоторые вопросы развития петрографии	Some Problems Relating to the Development of Petrography	7
GEISSLER, C., & L. BELAU	Zum Verhalten der stabilen Kohlenstoffisotope bei der Inkohlung	Поведение стабильных изотопов углерода в процессах углефикации	On the Behaviour of Stable Carbon Isotopes during Coalification	13
SCHWAB, G.	Über ein einfaches Verfahren zur Klassifizierung geologischer Objekte	О простом способе классификации геологических объектов	A Simple Method for Classifying Geological Objects	17
	Die neue sowjetische Erdöl-Erdgas-Vorratsklassifikation Klassifikation der Lagerstättenvorräte an Erdöl und brennbaren Gasen	Новая советская классификация запасов нефти и газа Классификация запасов месторождений по нефти и горючим газам	The New Soviet Classification of Oil and Gas Resources Classification of Resources of Oil and Combustible Gas Deposits	24
STAMMBERGER, F.	Methodischer Vorschlag zur Bestimmung von Preisen für geologisch erkundete Vorräte	Методические рекомендации по определению цен геологически разведанных запасов	Methodical Contribution to Determining Prices for Geologically Explored Resources	26
DUNAJEW, W. F., & A. A. KOSORESOW	Über die Verbindung der Aufgaben der seismischen Erkundung und des Erkundungsbohrens	О взаимосвязи задач сейсморазведки и разведочного бурения	On Combining Problems of Seismic Exploration with those of Exploratory Drilling	33
OPITZ, D.	Der Einfluß der Sicherheit reflexionsseismischer Horizonte auf die Dichte der Messungen	Влияние надежности рефлексионно-сейсмических горизонтов на плотность измерений	Influence Exerted by the Safety of Reflection Seismic Horizons on the Density of Measurements	37
KATZUNG, G.	Zur fluviatilen Gerölleinregelung	Ориентировка речных галек	On the Orientation of Fluviatile Boulders	39
SCHUBERT, R., & W. STEINER	Der Thüringer Dachschiefer, seine gesteinstechnischen Eigenschaften und seine Verwendung als Werk- und Dekorationsstein	Тюрингский кровельный сланец, его механические свойства и применение в качестве строительного и декоративного камня	The Thuringian Roofing Slate, its Rock-Technical Properties and Use as an Ashlar and Decoration Stone	47

Buchbesprechungen, Literaturreferate, Informationen, Kurznachrichten 56–60

Die ZEITSCHRIFT FÜR ANGEWANDTE GEOLOGIE berichtet ständig über folgende Arbeitsgebiete: Geologische Grundlagenforschung und Lagerstättenforschung / Methodik der geologischen Erkundung / Ökonomie und Planung der geologischen Erkundung / Technik der geologischen Erkundung / Geologie und Lagerstättenkunde im Ausland. In der Zeitschrift können alle strittigen Fragen der praktischen Geologie behandelt werden. Die Autoren übernehmen für ihre Aufsätze die übliche Verantwortung.

ZEITSCHRIFT FÜR ANGEWANDTE GEOLOGIE

Träger der Ehrennadel in Gold der Gesellschaft für Deutsch-Sowjetische Freundschaft

KOLLEKTIVE CHEFREDAKTION

Dr. K. KAUTER (Redaktionssekretär)
Prof. Dr. F. STAMMBERGER
Dr. habil. G. TISCHENDORF

Band 17 · Januar/Februar 1971 · Heft 1/2

Die mineralischen Ressourcen des Meeres

Probleme ihrer Erforschung und Aspekte ihrer Bedeutung für die Deckung des Bedarfs an mineralischen Rohstoffen

HANS HETZER, Berlin

Mit dem rasch ansteigenden Bedarf der menschlichen Gesellschaft an mineralischen Rohstoffen aller Art schiebt sich im zurückliegenden Jahrzehnt immer mehr die Frage in den Vordergrund, in welchem Umfang eine Deckung dieses Bedarfs aus dem Meer, dem Meeresboden und dem Meeresuntergrund erfolgen kann. Dabei wird diese Frage einmal dadurch ausgelöst, daß an der Erdoberfläche liegende reiche und mit geringem Aufwand gewinnbare Lagerstätten immer seltener werden und die perspektivischen und prognostischen Überlegungen auf die Erkundung und Nutzung tiefliegender Lagerstätten oder von Rohstoffen mit relativ geringen Gehalten ausgerichtet werden. Andererseits hat die im Zeitraum nach dem 2. Weltkrieg sprunghaft zunehmende komplexe Erforschung der Meere und Ozeane gezeigt, daß in ihnen mineralische Rohstoffe sehr unterschiedlicher Zusammensetzung vorhanden sind, die bei Entwicklung entsprechender Technologien gewonnen werden und auch in ökonomischer Sicht durchaus mit den Rohstoffen des Festlands konkurrieren können.

Die langfristige Einschätzung der Entwicklungsmöglichkeiten von Technik und Technologie der Erkundung und Förderung mineralischer Rohstoffe aus dem Meer läßt heute deutlich erkennen, daß bereits im Zeitraum 19800/90 bei einigen Rohstoffen eine Gewinnung im industriellen Maßstab zu gleichen Kosten oder auch bereits ökonomisch günstiger wie aus Lagerstätten auf dem Festland möglich sein wird. Im Zeitraum danach sind ein sprunghaftes Ansteigen der Erkundung und Nutzung der mineralischen Ressourcen des Meeres und die Entwicklung neuer, eng damit im Zusammenhang stehender Industriezweige zu erwarten. Eine moderne geologische Forschung muß sich also heute bereits auf diese Fragen einstellen und in möglichst kurzer Zeit die notwendigen Entwicklungsetappen durchlaufen.

Die Aufgaben, die dabei zu lösen sind, zeichnen sich für das nächste Jahrzehnt schon relativ deutlich ab. Sie können hier nicht umfassend behandelt werden, es sollen nur einige wichtige Fragen angeschnitten werden. Eines wird dabei sehr klar: Die Forschungsvorhaben zur Erkundung der mineralischen Rohstoffe des Meeres und die Maßnahmen zu ihrer Gewinnung sind so komplex und umfangreich, daß kein Land sie allein bewältigen kann. So, wie heute kein Forscher mehr in der Lage ist, seine Aufgaben allein zu lösen, sondern sich auf die Kraft des Kollektivs stützen muß, wird die Erforschung des Meeres zu einer immer intensiveren internationalen Kooperation gemeinschaftlich interessierter Staaten führen. In dieser Kooperation liegt auch der Schlüssel für die Lösung der komplizierten rechtlichen Probleme, die heute vor den Juristen internationaler Gremien bei der Frage nach dem Recht der Gewinnung von Bodenschätzen, insbesondere außerhalb der Schelfgebiete, stehen.

Und weiter wird die Erforschung und Gewinnung der mineralischen Ressourcen der Meere eine interdisziplinäre Zusammenarbeit erfordern, wie sie bisher auf keinem Gebiet der geologischen Forschung und Erkundung üblich und notwendig war. Der Geologe der Zukunft, der an die Erschließung eines riesigen Rohstoffpotentials herangeht, kommt nicht mehr allein mit Geophysik, Geochemie, Geodäsie und Mathematik aus, sondern bedarf der breiten Unterstützung durch Spezialisten auf den Gebieten der Ozeanologie, Hydrographie, Biologie, Nautik, des Schiffsbaus, der Gewinnungs-, Förder- und Aufbereitungstechnik sowie der Elektronischen Datenverarbeitung in einem Maße, das wir jetzt erst in groben Umrissen erfassen können.

Historische Entwicklung

Die Nutzung bzw. Erforschung der mineralischen Rohstoffe des Meeres ist als Aufgabe und Gegenstand des menschlichen Interesses nicht so neu, wie es uns heute vielleicht oft erscheint. Uralt ist die Gewinnung von Kochsalz aus dem Meer, sie reicht mit fast unveränderter Technologie weit in die Geschichte zurück; Salz bleibt aber über viele Jahrtausende das einzige Mineral, das der Mensch aus dem Meer nutzt.

Erst im vergangenen Jahrhundert begann sich die Palette allmählich zu erweitern. Das Jahr 1820 brachte einen entscheidenden Fortschritt mit der Erschließung der ersten Unterwasser-Erdöllagerstätte im Kaspischen Meer. Danach vergingen aber über 100 Jahre, bis die Erkundung von Erdöl- und Erdgaslagerstätten im Meer solche Ausmaße annahm, daß diese Lagerstätten ernsthaft mit den Lagerstätten des Festlands konkur-

Eingang des Manuskripts in der Redaktion: 10. 8. 1970.

rieren und eine beachtenswerte Position in der Förderstatistik einnehmen konnten.

In der zweiten Hälfte des vorigen und am Anfang dieses Jahrhunderts bekam die Gewinnung von Zinn, Gold, Diamanten und anderen Schwermineralien sowie von Sand und Kies aus küstennahen Ablagerungen zunehmende Bedeutung, wobei sicher ist, daß der Mensch bereits in einer weit zurückliegenden Zeit es verstanden hatte, mit primitiven Mitteln, wie sie auch teilweise heute noch angewendet werden, Zinn und Gold zu gewinnen.

Interessant ist die Geschichte der Eisen-Mangan-Konkretionen, die heute mit im Mittelpunkt des technologischen und ökonomischen Interesses stehen. Bereits 1873/76 wurden sie anläßlich der Forschungsreise des englischen Forschungsschiffes HMS „Challenger" in größerem Umfang gefunden, aber fast 100 Jahre mußten auch hier vergehen, bevor mit ernsthaften Überlegungen hinsichtlich ihrer industriellen Nutzbarmachung begonnen wurde.

Während im Vergleich zur Entwicklung der geologischen Erkundung und der Bergbauindustrie auf dem Festland das Vordringen des Menschen zu den mineralischen Rohstoffquellen des Meeres zunächst sehr zögernd und mit unvollkommenen technischen Mitteln erfolgte, setzte in den letzten 10 bis 15 Jahren eine derart stürmische Entwicklung ein, daß die kühnsten Erwartungen weit übertroffen wurden. So wurde es 1956, beim erstmaligen Einsatz einer mobilen Bohrplattform für das Abteufen von Erdölbohrungen im Flachwassergebiet vor der Küste der USA im Golf von Mexiko, bei Wassertiefen von 20 m, wohl kaum für möglich gehalten, daß noch nicht einmal 15 Jahre später Bohrungen bei Wasserüberdeckung von 5000 m bis zu 800 m tief in den Meeresboden niedergebracht werden.

Mit diesen Ergebnissen des US-amerikanischen Forschungsschiffes „Glomar Challenger" wurde demonstriert, welcher technische Stand heute in der Erforschung des Meeresgrundes erreicht ist, und gleichzeitig deutlich gemacht, in welch raschem Tempo sich die technische Entwicklung in den nächsten Jahrzehnten vollziehen wird.

Grundsätzliche Probleme

Obwohl die Informationen über das Auftreten mineralischer Rohstoffe am und im Meeresgrund heute rasch zunehmen und jede neue meeresgeologische Expedition eine Fülle von Daten sammelt, ist unser Kenntnisstand insgesamt als verschwindend gering einzuschätzen. Durch die Ozeane verläuft bis jetzt nur ein unregelmäßiges Netz von Profilen mit sehr unterschiedlichen Abständen, auf denen geophysikalische Messungen durchgeführt und Proben entnommen worden sind. In riesigen Gebieten, bis zur Größe Mitteleuropas, ist oft nur ein einziges Profil zu finden. Dadurch ist der Meeresgeologe in einer schwierigen Situation, da er aus diesen wenigen Informationen ein den wahren Verhältnissen möglichst nahekommendes Bild vom geologischen Bau und der Rohstofführung geben soll. Man stelle sich das Ergebnis vor, das ein Geologe erzielen würde, der an Hand eines solchen Profils die Geologie und Lagerstättenführung Mitteleuropas interpretieren sollte! Ein solcher Vergleich macht deutlich, welcher immense Umfang an meeresgeologischen Arbeiten erforderlich ist, um zu zuverlässigen Aussagen über Verbreitung und Nutzungsmöglichkeit mineralischer Rohstoffe zu kommen.

Die Gesamtfläche des Weltmeeres beträgt rd. 360 Mill. km² oder 71% der Erdoberfläche. Von dieser Fläche entfallen 26 Mill. km² (7%) auf den Kontinentalschelf, der die vom Ozean bedeckten Randgebiete der Festländer mit Wassertiefen von 0 bis 200 m darstellt, 39 Mill. km² (11%) auf den Kontinentalabhang mit Wassertiefen von 200 bis 2430 m, 282 Mill. km² (79%) auf den Kontinentalanstieg und die Tiefseeböden bis zu 6000 m Tiefe und etwa 11 Mill. km² (3%) auf die Tiefseegräben. Damit liegen 93% der von Wasser bedeckten Erdoberfläche in Wassertiefen von mehr als 200 m.

Kontinentalschelf und -abhang sinken noch relativ gleichförmig ab, sie bilden in ihrem heutigen Zustand den Abbruch der Kontinente zu den Ozeanbecken. Erste grundsätzliche Probleme, die für die Entwicklung von Kontinent und Ozean gleichermaßen von Bedeutung sind, treten dadurch auf, daß die Kontinentalränder sehr unterschiedliche Ausbildung zeigen. Nach dem heutigen Erkenntnisstand lassen sich deutlich ein „atlantischer Typ" und ein „pazifischer Typ" unterscheiden (BELOUSSOW 1968), die hinsichtlich ihrer Genese nicht nur theoretisches Interesse besitzen, sondern auch direkte Beziehungen zu lagerstättenbildenden Prozessen erkennen lassen.

Einen morphologisch sehr stark gegliederten Bau zeigen Kontinentalabhang und Tiefseeböden und in Verbindung damit natürlich die Tiefseegräben. Es ist immer wieder überraschend, neue bathymetrische Karten aus den verschiedenen Ozeanen zu sehen und zu erkennen, daß in den ozeanischen Gebieten Gebirgszüge verlaufen, die sich in ihren Ausmaßen nicht von den Gebirgen des Festlands unterscheiden und sie teilweise noch übertreffen.

Entwicklung der Meeresgeologie

In Zusammenhang mit den Aufgaben zur Erschließung und Nutzung der mineralischen Rohstoffe des Meeres müssen grundsätzliche Probleme des Baues und der Entwicklung der Ozeane gelöst werden. Wie auf dem Festland, liegt auch im Meer der Schlüssel zu den Lagerstätten in der Analyse des regionalen Baues und der Entwicklungsgeschichte der höffigen Räume.

Auf diese Weise hat sich besonders im letzten Jahrzehnt eine neue Disziplin der geologischen Wissenschaften, die Meeresgeologie oder marine Geologie, herausgebildet. Sie hat zu neuen, vielfach überraschenden Erkenntnissen hinsichtlich des Baues der Ozeane geführt, und sie liefert uns weiter eine Reihe von Erkenntnissen, die zu vervollkommneteren Vorstellungen über Bau und Entwicklungsgeschichte der Kontinente führen. Während sich die Ergebnisse der „Geologie der Ozeane" und der „Geologie der Kontinente" heute noch vielfach gegenüberstehen und Verbindungsmöglichkeiten nicht ohne weiteres möglich erscheinen, fordert schon die nächste Zukunft ein enges Zusammenwirken beider Bereiche, um in gegenseitiger Befruchtung die Grundlagen für neue ökonomisch bedeutsame Ergebnisse bei der Erschließung von Lagerstätten auf dem Festland und im Meer zu schaffen. Viele heute noch offenen Probleme der geologischen Entwicklung und der Bildung von Lagerstätten mineralischer Rohstoffe auf dem Festland werden leicht deutbar sein, wenn neue Erkenntnisse aus der komplexen Analyse der in den Ozeanen ablaufenden Prozesse vorhanden sein werden.

Grundsätzliche wissenschaftliche Probleme, die von der Meeresgeologie erforscht werden müssen und die auch von den international maßgebenden wissenschaftlichen Gremien auf diesem Gebiet herausgearbeitet wurden, sind z. B.:

1. Erforschung der dynamischen Prozesse in Kruste und Mantel innerhalb der mittelozeanischen Rücken-Rift-Systeme, der Tiefseegräben, der Kontinentalränder und der Neben- und Mittelmeere

Heute ist es sehr wahrscheinlich, daß weite Gebiete des Ozeanbodens relativ jung gebildet worden sind, im wesentlichen seit dem jüngeren Mesozoikum. Dabei kann sowohl angenommen werden, daß entlang den mittelozeanischen Rücken ozeanisches Krustenmaterial auftaucht und sich seitwärts ausbreitet (Ocean Floor Spreading), als auch, daß kontinentale Kruste abtaucht und dabei in ozeanische Kruste umgewandelt wird. Überraschende Funde ozeanischer Kruste im Schwarzen Meer, Tyrrhenischen Meer, Japanischen Meer und anderen „innerhalb" der Kontinente gelegenen Nebenmeeren lassen vermuten, daß der letztgenannten Entwicklung mehr Bedeutung zukommt, als heute angenommen wird. Ein weiterer Ausbau dieser Untersuchungen würde auch helfen, mehr Klarheit in bezug auf die Kontinentaldrift zu schaffen, eine Theorie, die sich immer weniger mit den heutigen Erkenntnissen über die Geologie der Ozeane und Kontinente in Einklang bringen läßt.

2. Untersuchung der Herkunft des Sedimentmaterials und der Energie von Sedimentationsprozessen

Die Ermittlung der Sedimentationsgeschwindigkeiten und -richtungen ist von außerordentlicher wissenschaftlicher und wirtschaftlicher Bedeutung im Zusammenhang mit der Erforschung der mineralischen Ressourcen der Ozeane. Die heute vorliegenden Untersuchungsergebnisse zeigen, daß Sedimenttransporte über mehrere tausend Kilometer möglich sind und daß auf den Schelfgebieten und dem Kontinentalabhang Sedimentationsbilder entstehen können, wie sie bisher als typisch für Flachwasser angesehen wurden. Das Abgleiten großer Sedimentmassen am Kontinentalhang tritt viel häufiger auf, als früher angenommen wurde.

3. Erforschung der geochemischen Prozesse bei der Ablagerung von Sedimenten und der Bildung von mineralischen Rohstoffen

Aus immer weiteren Ozeangebieten wird das Auftreten von Metallösungen der unterschiedlichsten Zusammensetzung bekannt. Das Studium ihrer Herkunft, die Untersuchung von Auslaugungs-, Migrations- und Ausfällungsvorgängen sind vorrangige Aufgaben, um sowohl Grundlagen für die Erkundung von Lagerstätten am Meeresboden als auch neue Wege zur Deutung der Genese von Lagerstätten auf dem Festland zu schaffen.

Dabei gibt es schon zahlreiche Hinweise, wie DEGENS (1970) z. B. andeutet, daß rein sedimentäre Lagerstätten kaum auftreten dürften, es sei denn in der Form von Seifen, daß aber zwischen hydrothermalen und sedimentären Erzlagerstätten alle Übergänge möglich sind.

Die Kontinentalränder

Eine außerordentlich bedeutsame Rolle in den bisherigen und zukünftigen Untersuchungen zur Geologie der Ozeane und darauf aufbauend zur Einschätzung der mineralischen Ressourcen des Meeres spielen die Kontinentalränder. Dabei ist unter dem Begriff „Kontinentalrand" eine breite Zone zu verstehen, die vom Schelf über den Schelfabbruch und den Kontinentalhang bis zum mittleren und unteren Teil des Kontinentalanstiegs reicht.

Von dieser Zone wissen wir bis heute relativ wenig, aber bereits das wenige genügt, um sehr weitreichende Fragestellungen aufzuwerfen, deren Bearbeitung entscheidende Impulse für die Richtung der Erforschung und Nutzung der mineralischen Rohstoffe des Meeres und für die Übertragung der dabei gewonnenen Erkenntnisse auf die Untersuchung der Entwicklungsgesetzmäßigkeiten fossiler Sedimentserien zu geben vermag.

Hier sei nicht weiter eingegangen auf unsere noch unzureichenden Kenntnisse des „Übergangs von kontinentaler zu ozeanischer Kruste" im Bereich der Kontinentalränder. Wesentlich bedeutsamer für die wirtschaftlichen Fragestellungen der Meeresgeologie ist die durch eine Reihe von Untersuchungen erhärtete Tatsache, daß die Kontinentalränder einen sehr differenzierten Bau aufweisen und teilweise durch überwältigend große Akkumulationen von Sedimenten charakterisiert sind (HEDBERG 1970, BOIGK & PORTH 1970). Diese Sedimentanhäufungen erwecken unsere ganze Aufmerksamkeit, denn in ihnen können sich die vielfältigsten Prozesse abgespielt haben: die Bildung von Erdöl und Erdgas aus der mit den Sedimenten abgelagerten organischen Materie, die Mobilisierung von Minerallösungen unterschiedlichster Art und ihre Ausfällung im Sediment oder an der Oberfläche der Sedimentserien oder ihr Übertritt ins Meerwasser.

Sehr differenziert ist die Morphologie des Kontinentalrandes und damit auch die Gestaltung der mit ihm verbundenen Sedimentbecken. Wir kennen heute langgestreckte, über riesige Entfernungen reichende Becken mit wechselnden, teilweise sehr großen Sedimentmächtigkeiten, die den Schelf und den Kontinentalhang bilden oder ihm aufgelagert sind, z. B. entlang der Atlantik- und Pazifikküste der USA. Daneben gibt es kleine, aber hinsichtlich ihrer Entwicklungsgesetzmäßigkeiten sehr bemerkenswerte und durch Sedimentmächtigkeiten von z. T. mehr als 10000 m ausgezeichnete Sedimentbecken in den sogenannten Nebenmeeren, z. B. dem Golf von Mexiko, der Karibischen See und dem Arabischen Golf. Wenig oder gar nichts ist uns bekannt über die Zusammensetzung und Gestaltung der Sedimente auf dem Kontinentalanstieg, also dem äußersten Teil des Kontinentalrandes, obwohl gerade hier nach der Ansicht vieler Autoren ein immenses Volumen an Sedimentgesteinen erwartet werden kann, das wahrscheinlich alles, was wir heute vom Schelf und Kontinentalhang kennen, weit übersteigt. Die Entwicklungsgeschichte dieser Sedimentbecken wirft besonders interessante Fragen auf, da nach HEEZEN (1968) wahrscheinlich Schlammströme der bedeutsamste Faktor ihrer Bildung sind.

Schließlich muß noch auf die weite Teile des Kontinentalrandes begleitenden Tiefseegräben hingewiesen werden, langgestreckte, tief eingesenkte Depressionen, die teilweise oder ganz mit Sedimenten aufgefüllt sind. Es ist zu erwarten, daß sie in Gebieten mit großen Sedimentmächtigkeiten bei fortschreitender Verdichtung des geophysikalischen Netzes in weiterer Verbreitung angetroffen werden, als heute vermutet wird. Völlig offen ist noch die Frage, in welcher Beziehung sie zu den sie vielfach begleitenden Faltengebirgen (z. B. Peru—Chile-Graben und südamerikanische Anden) stehen und welche Bedeutung ihnen als tektonische Elemente im Rahmen des weltumspannenden Riftsystems zukommt.

Die weitere Untersuchung der Kontinentalränder wird uns neue Ergebnisse hinsichtlich der Entwicklungsgesetzmäßigkeiten mineralischer Rohstoffe des Meeres geben und gleichzeitig Hinweise bringen, die uns geotektonische Prozesse der Vergangenheit, z. B. die Beziehungen Orogen–Vortiefe–Aulakogen–Plattform, erst begreifbar werden lassen.

Erdöl und Erdgas

Einen schwunghaften Anstieg nahm im letzten Jahrzehnt die Förderung von Erdöl und Erdgas aus Meereslagerstätten. Von der Welterdölförderung des Jahres 1969 in Höhe von rd. 2,1 Mrd. t entfielen etwa 18% auf Offshorelagerstätten, das ist die beachtliche Menge von fast 400 Mill. t. Die Erdgasförderung kam zu 6% aus dem Meer, ein Prozentsatz, der sich sehr schnell erhöhen wird.

KALINKO (1969) führt an, daß 1969 in den Aquatorien von 77 Ländern geologisch-geophysikalische Such- und Erkundungsarbeiten durchgeführt oder bereits Erdöl und Erdgas gefördert wurden. Das bedeutet, daß sich heute bereits fast alle Länder, die über Küstenlinien verfügen, mit der Erforschung und Erschließung der vom Festland aus gesehen jenseits dieser Küstenlinien zu erwartenden Erdöl- und Erdgaslagerstätten beschäftigen. Während dabei entsprechend den technischen Möglichkeiten zunächst die der Küste unmittelbar vorgelagerten Flachwassergebiete mit Wassertiefen bis zu 40 bis 50 m im Vordergrund standen, zeigt sich in den letzten Jahren ein zunehmendes Interesse auch an der Untersuchung tieferer Meeresteile. Damit eröffnen sich zunächst kaum faßbare Möglichkeiten für die Entwicklung der Welterdöl- und erdgasvorräte.

Nach KALINKO (1969) können von den die Gesamtfläche des Meeres bildenden 360 Mill. km² über 40 Mill. km² als erdöl-erdgas-höffig eingeschätzt werden, das wären nur reichlich 10%, für weitere 15 Mill. km² gibt er die Perspektivität als z. Z. nicht bestimmbar an. Wenn man berücksichtigt, daß die Schelfgebiete etwa 26 Mill. km² und die Gebiete des Kontinentalhangs etwa 35 Mill. km² umfassen und nach den heutigen Erkenntnissen auch noch weite Gebiete des Kontinentalanstiegs als erdöl-erdgas-führend erwartet werden können, ist bei der Weiterführung der Forschungsarbeiten mit einer beträchtlichen Erweiterung der von KALINKO als erdöl-erdgas-höffig eingeschätzten Fläche zu rechnen. Damit deutet sich bereits an, daß die insgesamt im Meer zu erwartenden Erdöl- und Erdgasvorräte alle bisherigen Schätzungen, die sich zwischen einigen 100 Mill. t und über 1000 Mrd. t bewegen, weit übertreffen und die Versorgung der menschlichen Gesellschaft auch unter Berücksichtigung des in den nächsten Jahrzehnten sprunghaft ansteigenden Bedarfs für einen langen Zeitraum sichern werden.

Deutliche Anzeichen dafür, daß eine solche Einschätzung nicht zu optimistisch ist, sind das Antreffen industrieller Zuflüsse an Erdöl bei 400 m Wassertiefe vor der Küste Kaliforniens und der Nachweis von Erdöl-Erdgas-Anzeichen in einer Bohrung im Golf von Mexiko, die bei einer Wassertiefe von 3580 m bis zu einer Teufe von 144 m in die den Top eines Salzstocks überlagernden Sedimente eingedrungen ist.

Wir können heute damit rechnen, daß die Welterdölförderung 1975 die 3-Mrd.-t-Grenze übersteigen und um 1980 zwischen 4 und 5 Mrd. t betragen wird. Ein beträchtlicher Teil dieses Anstiegs wird aus Meereslagerstätten gedeckt werden müssen, so daß ihr Anteil an der Gesamtförderung bereits um 1975 etwa 25% erreichen und danach weiter rasch ansteigen wird. Eine ähnliche, bei Lösung der Transportprobleme noch schnellere Entwicklung ist auf dem Erdgassektor zu erwarten.

Eisen-Mangan-Konkretionen

Nach Erdöl-Erdgas- und den küstennahen Seifenlagerstätten treten die heute aus fast allen Teilen der Weltmeere bekannten Eisen-Mangan-Konkretionen immer mehr in den Mittelpunkt des wirtschaftlichen Interesses. Sie sind bei der Untersuchung des Meeresbodens im Pazifischen, Atlantischen und Indischen Ozean, in ihren Nebenmeeren und selbst in großen Binnenseen, wie dem nordamerikanischen Michigansee, angetroffen worden. Dabei treten sie in unterschiedlichen Tiefen, in 100 m bis über 7000 m, auf. Für ihre ökonomische Bewertung ist vor allem bedeutsam, daß sie neben den Hauptkomponenten Eisen und Mangan in wechselnden Mengen Nickel, Kupfer, Kobalt, Molybdän, Vanadium und andere Elemente enthalten.

Unsere Kenntnisse über ihre Entstehung, Verbreitung und Zusammensetzung sowie über Form und Größe der von ihnen gebildeten Lagerstätten sind noch außerordentlich gering. An den bis heute untersuchten Stellen treten sie meist als sehr unterschiedlich geformte Knollen, die dem Meeresboden locker gestreut auflagern, oder als Krusten auf. Ihre Bildung erfolgt fortlaufend bis in die heutige Zeit, so ist auf einem vor der kalifornischen Küste geborgenen Geschoß aus dem 2. Weltkrieg bereits eine 2 mm mächtige Eisen-Mangan-Kruste beobachtet worden.

Ausgehend von diesem kontinuierlichen Bildungsprozeß ist anzunehmen, daß die Eisen-Mangan-Konkretionen innerhalb ihrer Verbreitungsgebiete auch in den Bodensedimenten angereichert sind; zukünftige Untersuchungsprogramme müssen sich also auch darauf konzentrieren, Angaben über Mächtigkeit und Anreicherungsgrad dieser Sedimente zu erhalten.

Zeitschrift für angewandte Geologie, Bd. 17 (1971), Heft 1/2

Die Anschauungen über die Entstehung der Konkretionen gehen sehr weit auseinander, sie sollen hier nicht weiter erläutert werden. Mit dieser Frage hat sich in jüngster Zeit Kerl (1970) eingehend beschäftigt. In Anbetracht der weltweiten Verbreitung und der unterschiedlichen Zusammensetzung sind eine Mobilisierung der an der Bildung der Konkretionen beteiligten Elemente aus den Sedimenten im Meeresboden und ihre Ausfällung an der Oberfläche der Sedimente als am wahrscheinlichsten anzunehmen. Sehr starke Schwankungen zeigen sich in der Zusammensetzung der Konkretionen. Während in größeren Tiefen höhere Anreicherungen an Kupfer, Kobalt, Nickel und anderen Metallen beobachtet wurden, weisen die aus dem Flachwasserbereich bis jetzt erzielten Ergebnisse auf höhere Mangangehalte hin. Auch regional zeigen sich starke Unterschiede. Kerl (1970) führt folgende Werte an (in %):

	Pazifischer Ozean		Indischer Ozean	
	max.	min.	max.	min.
Mn	30,28	5,4	20,19	9,4
Fe	26,32	4,36	22,48	4,5
Ni	1,98	0,184	1,35	0,136
Co	2,57	0,048	0,822	0,045
Cu	1,64	0,028	1,055	0,028
Pb	0,514	0,005	0,255	0,004
Ba	1,58	0,018	0,399	0,060
Mo	0,077	0,008	0,056	0,012
V	0,093	0,010	0,084	0,017
Cr	0,012	Spuren	0,011	Spuren
Ti	2,65	0,123	1,404	0,232

Dabei treten natürlich zwischen diesen Maximal- und Minimalgehalten die unterschiedlichsten Kombinationen auf. Es wird jedoch deutlich, daß die wirtschaftliche Bedeutung der Eisen-Mangan-Konkretionen weniger in der Richtung als Eisen- oder Manganrohstoff liegt, sondern als Rohstoff für die Gewinnung von Kupfer, Kobalt, Nickel, Blei und anderen wertvollen Metallen. Wenn man ihre relativ leichte Gewinnbarkeit und ihre ungeheueren Mengen berücksichtigt (die bisherigen Berechnungen liegen zwischen einigen hundert Mrd. t und mehreren Bill. t), läßt sich ableiten, daß sie nach Entwicklung geeigneter Gewinnungstechnologien und Lösung der Probleme, die durch die feine Verwachsung der in ihnen enthaltenen Mineralien für die Verarbeitung auftreten, auch ökonomisch mit Lagerstätten dieser Rohstoffe auf dem Festland konkurrieren können.

Phosphoritkonkretionen

Gegenwärtig erlangen die durch Phosphoritkonkretionen im Meer gebildeten Lagerstätten zunehmende Bedeutung. Dabei konzentriert sich das Interesse sowohl auf Lagerstätten, die sich vom Festland in das Meer hinein fortsetzen, wie z. B. vor der Küste Floridas, als auch auf relativ junge, neugebildete Lagerstätten in tieferen Meeresbereichen. Vor den Küsten Kaliforniens, Südamerikas und Japans im Pazifischen Ozean, vor der Westküste Afrikas im Atlantischen Ozean, der Küste Somalias im Indischen Ozean und in anderen Gebieten sind in Tiefen von wenigen 100 m bis fast 3000 m Anreicherungen von Phosphorit in Form von Phosphatsand, -schlamm und -schichten sowie Gängchen im Sediment bekannt geworden. Dabei sind, ähnlich wie bei den Eisen-Mangan-Konkretionen, wegen der großen flächenmäßigen Erstreckung Lagerstätten beträchtlichen Ausmaßes zu erwarten. Ihre wirtschaftliche Bedeutung wird dadurch verstärkt, daß in ihnen neben Phosphor auch Uran und Seltene Erden in wirtschaftlich bedeutenden Konzentrationen enthalten sein können.

Bevorzugte Bildungsgebiete sind Zonen, in denen aus größeren Tiefen aufsteigende kalte Wassermassen, in denen Phosphat angereichert ist, mit wärmeren Wasserschichten in Kontakt kommen. Die Suche nach Phosphoritlagerstätten am Meeresboden setzt daher eingehende ozeanographische Untersuchungen, insbesondere über die Zirkulationsprozesse im Meerwasser, voraus.

Auf dem Festland ist das Auffinden neuer Phosphoritlagerstätten mit hohen Gehalten nur noch in geringem Umfang zu erwarten; die in letzter Zeit erkundeten Lagerstätten zeigen generell sinkende Gehalte. Mit dem weiteren Fortschreiten der Technik und Technologie der Gewinnung mineralischer Rohstoffe aus dem Meer wird daher in relativer kurzer Zeit ein Stadium erreicht werden, in dem der Abbau von Phosphoriten im Meer auch aus größeren Tiefen ökonomisch günstiger werden wird als die Nutzung armer Lagerstätten auf dem Festland.

Erzhaltige Schlämme und Solen

Eines der wissenschaftlich und wirtschaftlich bedeutendsten Ergebnisse der meeresgeologischen Forschung in den letzten Jahren war die Entdeckung der erzhaltigen Schlämme und Solen im Roten Meer. Sie treten auf der Höhe von Mekka in flachen Einsenkungen am Meeresboden, dem Atlantis-II-Tief und dem Discovery-Tief, bei Wassertiefen von 2000 m auf. Durch die ersten Untersuchungen wurden zunächst heiße Salzlaugen festgestellt, die sich neben ihrer hohen Salinität vor allem auch durch erhöhte Metallgehalte vom normalen Wasser des Roten Meeres unterschieden.

Degens (1970) bringt folgende Gegenüberstellung (in g/kg):

	Atlantis-II-Tief	Discovery-Tief	Normales Meerwasser
Na	92,60	93,05	10,76
K	1,87	2,14	0,39
Ca	5,15	5,12	0,41
Mg	0,76	0,81	1,29
Sr	0,04	0,04	0,008
Cl	156,03	155,3	19,35
Br	0,13	0,12	0,066
Si	0,03	0,003	0,004
Fe	0,08	0,003	0,00002
Mn	0,08	0,05	0,00001
Zn	0,005	0,008	0,000005
Cu	0,0003	0,0001	0,00001
Co	0,0002	0,0001	—
Pb	0,0006	0,0002	0,000004
Ni	—	0,0003	0,0000001
Salinität	257,76	257,37	35,71

Für die Schwermetalle in der Sole ergibt sich damit eine Anreicherung um das Hundert- bis Tausendfache. Während die Sole selbst z. T. mit Evaporiten im Untergrund des Roten Meeres in Verbindung gebracht werden kann und sich durch Ausfällungen aus dem normalen Meerwasser weiter anreichert (HARTMANN & LOHMANN 1968), deuten Isotopenuntersuchungen an Blei, Strontium und auch Kohlenstoff auf eine magmatische Herkunft (DEGENS 1970), d. h. auf hydrothermale Zuführung. Durch weitere Untersuchungen müßte aber geklärt werden, ob die zum Vergleich herangezogenen Isotope tatsächlich echt magmatischer Abkunft sind oder ob der Metallinhalt der Solen nicht auch auf eine Auslaugung von Gesteinen im tieferen Untergrund zurückzuführen ist.

Bereits die Untersuchung der obersten Meter der die Solen unterlagernden Sedimente erbrachte in ersten Analysen von Einzelproben teilweise beträchtliche Metallgehalte, sie gehen bis zu 0,57% Cu, 0,58% Zn, 37,18% Fe (HARTMANN & LOHMANN 1968), mehrere Prozente Mangan, 0,3 bis 0,5% Pb, weiter sind Au und Ag nachgewiesen. Es kann hier von einer echten Lagerstätte gesprochen werden, die genetisch mit den metallführenden Solen in engstem Zusammenhang steht.

Die Vielfältigkeit ihrer Zusammensetzung wird durch DEGENS (1970) charakterisiert: „Wechsellagen von Goethit, Hämatit, Fe-Montmorillonit, Zinkblende, Anhydrit, Siderit–Rhodochrosit, Dolomit, Kalzit, Aragonit, Pyrit, amorphem Fe-Hydroxid oder Manganit treten in bunter Abfolge auf."

Über ihre Tiefenerstreckung ist nichts bekannt, da bis jetzt nur etwa 10 m in die Sedimente eingedrungen werden konnte. Allein bei diesen Mächtigkeiten ergeben sich bereits „Erzmengen" von einigen hundert Mill. t.

Weitere Untersuchungen müssen daher klären,

a) welche Tiefenerstreckung die erzhaltigen Sedimente des Roten Meeres aufweisen und welchen Gesetzmäßigkeiten die Metallführung in ihnen unterliegt,

b) welche Technologien für die Förderung und die Verarbeitung der Schlämme und die Gewinnung der in ihnen enthaltenen Metalle entwickelt werden können,

c) in welchen Meeresgebieten, insbesondere auch bei geringen Wassertiefen, weitere Lagerstätten dieses Typs auftreten.

Führen alle drei Aufgaben zu positiven Ergebnissen, wird damit ein Rohstoffpotential erschlossen, das sich heute in seiner Größenordnung kaum erfassen läßt und das revolutionierend auf die Bergwirtschaft der Erde einwirken kann. Es ist mit großer Sicherheit anzunehmen, daß sich die Durchführung dieser Aufgaben im nächsten Jahrzehnt zu einem Schwerpunkt bei der Erforschung der mineralischen Ressourcen des Meeres entwickeln wird.

Zusammenfassung

Der stürmische Aufschwung der meeresgeologischen Forschung hat besonders im letzten Jahrzehnt zu einem schnellen Anwachsen unserer Kenntnisse über die mineralischen Rohstoffe des Meeres geführt. Die Erdöl-Erdgas-Förderung aus dem Meer sowie der Abbau von Seifenlagerstätten haben bereits wesentliche wirtschaftliche Bedeutung. Es sind alle Voraussetzungen vorhanden, daß der Anteil der Förderung aus Meereslagerstätten an der Gesamterdöl- und -erdgasförderung der Welt rasch ansteigt und eine langfristige Versorgung sichert. Hinsichtlich der Erforschung und Nutzung von Eisen-Mangan-Konkretionen, Phosphoritkonkretionen und erzhaltigen Schlämmen und Solen ist in relativ kurzer Zeit der Übergang von der wissenschaftlichen Untersuchung zur wirtschaftlichen Nutzung zu erwarten. Eng verbunden mit der Erforschung der mineralischen Rohstoffe des Meeres sind die Lösung grundsätzlicher Probleme hinsichtlich Bau und Entwicklungsgesetzmäßigkeiten der Ozeane sowie die Herausbildung einer großen Gemeinschaftsarbeit zwischen Geologen, Ozeanologen, Schiffbau- und Fördertechnikern und Spezialisten anderer Disziplinen.

Резюме

Бурный подъем геологического исследования моря особенно в последнее десятилетие привел к быстрому возрастанию наших знаний о минеральном сырье моря. Добыча нефти и газа со дна моря, а также разработка россыпных месторождений уже имеют существенное экономическое значение. Имеются все предпосылки для быстрого увеличения доли добычи из месторождений на дне моря в общей добыче нефти и газа и обеспечения долгосрочного снабжения этими полезными ископаемыми. Что касается исследования и освоения железо-марганцевых конкреций, фосфоритовых конкреций, а также рудоносных илов и рассолов в сравнительно короткое время можно ожидать перехода от научного исследования к экономическому освоению. Тесно связанным с исследованием минерального сырья моря является решение коренных проблем в отношении строения и закономерностей океанов, а также развитие крупного совместного труда между геологией, океанологией, техникой судостроения и добычей и другими дисциплинами.

Summary

The stormy impetus received by marine-geological research work, in particular within the last decennary, has rapidly increased our knowledge of the mineral raw materials of the sea. Oil and gas production from the sea as well as mining of placers are already of an important economic importance. All conditions are given that the part taken by the production from marine deposits in the total oil and gas production of the world will rapidly increase, and will secure a long-term supply. As far as the investigation and utilization of iron-manganese concretions, phosphorite concretions and ore-containing muds and brines are concerned, a transition from scientific investigation to economic utilization can be expected within a relatively short time. Closely connected with the exploration of marine mineral raw materials is a solution of fundamental problems concerning the structure and developmental regularities of the oceans, as well as the formation of a comprehensive co-operation between geology, oceanography, shipbuilding, extractive technique, and other disciplines.

Literatur

BELOUSSOW, W. W.: Some General Aspects of Development of the Tectonosphere. – Int. Geol. Congr., Rep. XXIII, Sess. 1968, Proc. Sect. 1, 9–18.

BOIGK, H., & H. PORTH: Zur Frage der Erdölhöffigkeit des Außenschelfs, des Kontinentalabhanges und des Kontinentalanstieges. – Erdöl und Kohle, **23**, 137–144 (1970).

DEGENS, E. T.: Sea Floor Spreading. – Umschau, 9, 268–274 (1970).

FEDYNSKIJ, W. W.: Die mineralischen Rohstoffquellen des Meeres- und Ozeanbodens und die Aufgaben der Meereserkundungsgeophysik. – Sowjetskaja geologija, 5, 3–14 (1969).

HARTMANN, M., & L. LOHMANN: Untersuchungen an der heißen Salzlauge und am Sediment des Atlantis-II-Tiefs im Roten Meer. – „Meteor"-Forsch.-Ergebn., Reihe C, Nr. 1, 13–20 (1968).

HEDBERG, H. D.: Continental Margins from View-point of the Petroleum Geologist. – Bull. Amer. Assoc. Petrol. Geol., **54**, 3–43 (1970).

HEEZEN, B. C.: The Atlantic Continental Margin. – University of Missouri (Rolla), 7, Nr. 1, 5–25 (1968).

KALINKO, M. K.: Perspektiven der Erdöl- und Erdgasführung der Aquatorien der Erde. – Z. angew. Geol., **15**, 404–410, Berlin 1969.

– Perspektiven der Erdöl-Erdgas-Führung des Schelfs und anderer Aquatorien und einige Gesetzmäßigkeiten der Verbreitung von Erdöl-Erdgas-Lagerstätten. – Sowjetskaja geologija, 12, 71–84 (1969).

KERL, J. F.: Eigenschaften, Vorkommen und Entstehung von nickel-, kupfer- und kobalthaltigen Manganknollen des Meeresbodens. – Erzmetall, **23**, 1–10 (1970).

MERO, J. L.: The Mineral Resources of the Sea. – Amsterdam–London 1965.

WEEKS, L. G.: World Offshore Petroleum Resources. – Bull. Amer. Assoc. Petrol. Geol., **49**, 1680–1693 (1965).

Zeitschrift für angewandte Geologie, Bd. 17 (1971), Heft 1/2

Einige Fragen der Entwicklung der Petrographie

A. W. SIDORENKO, Moskau

Vorbemerkung der Redaktion

Nachstehend veröffentlichen wir ungekürzt das Referat des Ministers für Geologie der UdSSR, A. W. SIDORENKO, das er auf der IV. Petrographischen Konferenz in Baku am 27. September 1969 gehalten hat. Dieses Referat ist von prinzipiellem Interesse, weil es viele allgemeingültige Fragen der Entwicklung der geologischen Wissenschaften berührt. Besonders augenfällig ist dabei die permanente Hervorhebung der Bedeutung der wissenschaftlichen Arbeit für die geologische Produktion. Nur wenn diese Grundgedanken allen Überlegungen zugrunde liegen, können die sich aus der wissenschaftlich-technischen Revolution ergebenden Aufgaben und Schlußfolgerungen tatsächlich beherrscht werden. Ähnliche Gedanken wurden in der Vergangenheit wiederholt auf den Seiten dieser Zeitschrift von DDR-Geologen vertreten. Es ist für unsere Leser sicher nicht uninteressant, sie aus der Sicht eines so bedeutenden Vertreters der sowjetischen Geologie kennenzulernen, wie es A. W. SIDORENKO ist.

F. ST.

Das Ministerium für Geologie der UdSSR mißt der Entwicklung petrographischer Forschungen in unserem Lande große Bedeutung bei und verfolgt aufmerksam die Ergebnisse der Forschungsarbeiten und die Möglichkeit, die Schlußfolgerungen der Wissenschaft in der Praxis der Suche und Erkundung nutzbarer Bodenschätze anzuwenden. Wir nehmen an, daß die Versammlung einen Beitrag nicht nur zur Entwicklung der petrographischen Wissenschaft leisten wird — einer der wichtigsten im System der Wissenschaften über die Erde —, sondern auch zur wissenschaftlichen Begründung geologischer Forschungen, die auf die Entwicklung der mineralischen Rohstoffressourcen der Sowjetunion gerichtet sind.

Die Entwicklung der Geologie bei uns, darunter auch der Petrographie[1]), wird durch jene Aufgaben bestimmt, die in der Gegenwart dem geologischen Dienst des Landes gestellt werden. Sie wurden exakt durch die Entschließung des XXIII. Parteitages der KPdSU bestimmt, der in den Direktiven für den Fünfjahrplan zur Entwicklung der Volkswirtschaft der UdSSR für 1966—1970 vorsah: „... den Maßstab der geologischen Erkundungsarbeiten zu erweitern, ihre Effektivität zu erhöhen und die Selbstkosten zu senken. Die Suche und Erkundung von Lagerstätten von Erdöl, Erdgas und Kohle im europäischen Teil der UdSSR zu verstärken. Der Zuwachs erkundeter Vorräte nutzbarer Bodenschätze muß hauptsächlich in den Bezirken gesichert werden, wo ihr Abbau ökonomisch am vorteilhaftesten ist."

Bei der Erfüllung des Beschlusses des Parteitages haben die Geologen in der verflossenen Zeit eine kolossale Arbeit für die Entwicklung der mineralischen Rohstoffbasis unseres Landes geleistet. Die Aufgaben des Fünfjahrplans hinsichtlich des Zuwachses erkundeter Vorräte sind beim überwiegenden Teil der nutzbaren Bodenschätze erfüllt und bei einigen von ihnen bedeutend übererfüllt. Innerhalb von drei Jahren des Fünfjahrplans wurde der Vorratsplan für Erdgas, Chromit und Titan vorfristig erfüllt. Der Plan für 1969 wird erfolgreich erfüllt, ebenso wie die Verpflichtungen auf dem Gebiete der Suche und Erkundung im sozialistischen Wettbewerb zu Ehren des 100. Geburtstages WLADIMIR ILJITSCH LENINs. Die Geologen vollenden zum 53. Jahrestag der Großen Sozialistischen Oktoberrevolution bei allen nutzbaren Bodenschätzen vorfristig den Plan der geologischen Erkundungsarbeiten, die für 1966—1970 vorgesehen waren.

In den Jahren des Fünfjahrplans wurden neue große mineralische Rohstoffbasen für die Entwicklung der bergbautreibenden Industrie entdeckt, erkundet und für die Nutzung vorbereitet. Entdeckt, erkundet und an die Industrie zur Nutzung übergeben wurde der größte nickelführende Bezirk unseres Landes im Norden des Krasnojarsker Gaues, in der Nähe der Stadt Norilsk. Die metallurgische Industrie erhielt die Möglichkeit für einen weiteren Produktionszuwachs an Nickel, Kupfer und anderen Bunt- und Edelmetallen. Entdeckt und in Nutzung genommen wurde eine neue große Golderzprovinz in Usbekistan — in der Kysilkum. Mit Erfolg werden neue große Goldlagerstätten in Jakutien erkundet, im Magadaner Gebiet und im Tschukotsker Nationalen Kreis. Die Erkundung des sehr großen kupfererzführenden Udokaner Beckens in Transbaikalien wurde abgeschlossen.

In den Jahren des Fünfjahrplans wurden auch die erkundeten Vorräte nutzbarer Bodenschätze in bereits erschlossenen Bergbaubezirken unseres Landes vergrößert. Die Erdölgeologen entdeckten, erkundeten und bereiteten für die industrielle Nutzung einige große erdöl-erdgasführende Provinzen vor: die westsibirische, die Timan-Petschoraer, die weißrussische, die Mangyschlaker, die Karakumer u. a. Alle diese Erfolge verbessern wesentlich die geographische Verteilung der erdöl- und erdgasfördernden Industrie des Landes.

Gegenwärtig arbeitet das Ministerium für Geologie der UdSSR an dem Plan der geologischen Erkundungsarbeiten für die Zeit von 1971—1975, der die weitere schnelle Entwicklung des mineralischen Rohstoffpotentials der UdSSR zum Ziele hat. Die Entwicklung der Volkswirtschaft unseres Landes ist für den nächsten Fünfjahrplan durch erkundete Vorräte nutzbarer Bodenschätze völlig gesichert. Alle im Bau befindlichen und projektierten Betriebe sowie die Erweiterung des Produktionsmaßstabes der bestehenden Betriebe sind im wesentlichen mit erkundeten Vorräten nutzbarer Bodenschätze versorgt. Das Produktionsniveau der Produktion der Montanindustrie, das 1975 für unser Land insgesamt vorgesehen ist, ist durch erkundete Vorräte abgesichert. Es sei bemerkt, daß beim über-

Eingang des Manuskripts in der Redaktion: 1. 9. 1970.

[1]) Umfang und Inhalt der Begriffe „Petrologie" und „Petrographie" werden nicht betrachtet. Der letztere Begriff, der den Komplex der Wissenschaften über die Gesteine erfaßt, wird hier am meisten gebraucht. (A. W. S.)

wiegenden Teil der nutzbaren Bodenschätze die erkundeten Vorräte mineralischer Rohstoffe die weitere Entwicklung der Volkswirtschaft, wie sie für 1980 vorgesehen ist, sichern.

Obwohl eine ausreichend zuverlässige mineralische Rohstoffbasis für die perspektivische Entwicklung der Industrie des Landes vorhanden ist, müssen die Geologen dennoch in schnellem Tempo und in bedeutenden Mengen die mineralischen Rohstoffressourcen mehren. Die geographische Verteilung der mineralischen Rohstoffressourcen muß verbessert werden, indem neue Erzbezirke aufgefunden und erdöl-erdgasführende Becken entdeckt und die Vorräte in den Bezirken mit bestehenden Bergbaubetrieben zur Unterstützung der laufenden Förderung und ihrer möglichen Erweiterung vergrößert werden.

In unserem Lande werden mineralische Rohstoffe in steigendem Tempo verbraucht. Dafür sprechen überzeugend folgende Ziffern: Die Förderung nutzbarer Bodenschätze hat sich von 1950—1969, also in den letzten 18 Jahren folgendermaßen vergrößert: Eisenerz um das 6fache, Manganerz um das 3fache, Chromite um das 5fache, Kohle um das 2,3fache, Erdöl um das 8fache, Erdgas um das 35fache und Apatite um das 10fache.

Gegenwärtig erreichen die Umfänge geförderter Erze, geförderten Erdöls und Erdgases phantastische Größen. Dementsprechend müssen erkundete Vorräte vorbereitet werden, die nicht nur um ein Vielfaches die Ausmaße der Jahresförderung übertreffen, sondern auch die schnelle Entwicklung der Industrie in der Perspektive sichern.

Die schnellen Wachstumstempi des Verbrauchs mineralischer Rohstoffe stellen den Geologen vor eine der schwierigsten wissenschaftlich-technischen Aufgaben: rechtzeitig, in ausreichenden Mengen und in ökonomisch günstigen Bezirken Vorräte mineralischen Rohstoffs der benötigten Qualität vorzubereiten.

Die weitere Entwicklung der bergbautreibenden Industrie kann nicht allein durch den Abbau der bereits in Betrieb genommenen und der entdeckten Lagerstätten gesichert werden. Es werden neue große Quellen mineralischer Rohstoffe gebraucht. Die Geologen müssen hartnäckig an der Schaffung neuer mineralischer Rohstoffbasen in unserem Lande arbeiten und nicht nur an der Verbesserung der Standortverteilung der Produktivkräfte des Landes, des Ersatzes der abgebauten Lagerstätten, sondern auch dafür, neue Quellen zur Befriedigung des Bedarfs des Landes an Erzen, Erdöl, Erdgas, Kohle, Baumaterialien und anderen mineralischen Rohstoffarten zu entdecken.

Davon ausgehend besteht 1971—1975 die Hauptaufgabe darin, neben der Erweiterung der geologischen Erkundungsarbeiten in bereits bekannten mineralischen Rohstoffbezirken solche geologischen Forschungen in breitem Maße durchzuführen, die ermöglichen, neue mineralische Rohstoffbasen des Landes zu entdecken und vorzubereiten. In erster Linie ist vorgesehen, die komplexe regionale Erforschung einzelner, besonders perspektiver Bezirke zu verstärken, die geologische Tiefenkartierung einzelner verdeckter Horizonte und die räumliche Kartierung verstärkt mit dem Ziel durchzuführen, neue Bezirke mit in der Tiefe verborgenen mineralischen Rohstoffen zu entdecken.

Die Sowjetgeologie tritt bei der Vorbereitung von Vorräten nutzbarer Bodenschätze in eine qualitativ neue Arbeitsperiode ein. Da die Oberfläche der Sowjetunion von den Geologen bereits abgesucht wurde, alle Gesteinsausbisse mehr oder weniger betrachtet und in verschiedenen Maßstäben kartiert wurden und Erzanzeichen sowie ihre Indikatoren an der Oberfläche untersucht wurden, sind neue, große geologische Entdekkungen nur auf Grund der Untersuchung von Ausbissen und Erzanzeichen gegenwärtig wenig wahrscheinlich. Große Entdeckungen sind gegenwärtig nur möglich beim Übergang zu neuen Prinzipien der Ermittlung von Lagerstätten. Die Suche von einzelnen, in der Tiefe verborgenen Erzkörpern ist wenig effektiv. Es müssen große Bezirke mit geologischen Bedingungen gesucht werden, die für die Lagerstättenbildung günstig sind. Wir stellen gegenwärtig nicht die Aufgabe, einfach einzelne Lagerstätten zu suchen, sondern große perspektive Regionen zu ermitteln und dann in diesen planmäßig Lagerstätten nutzbarer Rohstoffe zu suchen. Auf dieser Etappe der geologischen Untersuchung des Landes wächst die Rolle der wissenschaftlichen Begründung für die Auswahl der Bezirke für Such- und Erkundungsarbeiten bedeutend.

Die geologische Wissenschaft wird bei der gegenwärtigen Entwicklung der geologischen Tätigkeit zu einer unmittelbaren Produktivkraft. Ohne hochentwickelte geologische Wissenschaften ist heute bei geringstem Aufwand an Kraft, Mitteln und materiellen Ressourcen die schnelle Lösung der komplizierten geologischen Aufgaben unmöglich. Wenn früher die Aufeinanderfolge geologischer Erkundungsarbeiten wie folgt war: geologische Kartierung, Suche von Lagerstätten, Vor- und dann ihre eingehende Erkundung, so geht gegenwärtig jeder dieser Etappen ihre wissenschaftliche Begründung voraus. Besonders erheblich verändern sich die ersten Etappen der geologischen Arbeiten; anstatt der geologischen Kartierung der Erdoberfläche wird jetzt viel breiter das geologisch-geophysikalische Studium des Territoriums praktiziert, seine räumliche und Tiefenkartierung. Auf dieser Grundlage entsteht die wissenschaftliche Prognose für die Suche.

Gegenwärtig beginnt sich die Technologie der geologischen Arbeiten folgendermaßen abzuzeichnen: regionales geologisch-geophysikalisches Studium des Territoriums; wissenschaftliche Prognostizierung der für eine Konzentration nutzbarer Bodenschätze günstigsten Gebiete; die Suche von Erzprovinzen; die geophysikalische Vorbereitung innerhalb deren Grenzen von Strukturen, die für eine Konzentration nutzbarer Bodenschätze günstig sind; das Niederbringen von Suchbohrungen auf diesen Strukturen; die Vor- und eingehende Erkundung der festgestellten Lagerstätten; die technologische und ökonomische Einschätzung der Erze und Lagerstätten.

Für den nächsten Fünfjahrplan planen die wissenschaftlichen und Produktionsorganisationen die allseitige Revision des geologischen Untersuchungsgrades des Landes, die Ausarbeitung von prognostischen Übersichtskarten für die verschiedenen nutzbaren Bodenschätze und detaillierte Prognosekarten für die Bezirke sowie die Durchführung eines großen Komplexes geologisch-geophysikalischer Untersuchungen und Basisbohrungen in erz- und erdöl-erdgasführenden (sowohl den bekannten als auch perspektiven) Bezirken. Diese

Arbeiten müssen der Durchführung von Such- und Erkundungsarbeiten unmittelbar vorausgehen.

Die Schaffung neuer Rohstoffbasen in unserem Lande ist eine sehr komplizierte geologische Aufgabe, die zu ihrer Lösung ein neues Herangehen an die Durchführung der geologischen Erkundungsarbeiten erfordert. Sie muß auf dem ganzen Umfang des geologischen Wissens und auf dem ganzen Leistungsvermögen der geologischen Erkundungstechnik aufbauen.

Im nächsten Fünfjahrplan müssen wir neue Rohstoffbasen für die eisenproduzierende Industrie in West- und Ostsibirien sowie im Fernen Osten schaffen. Das mineralische Rohstoffpotential des Nördlichen und Polarurals, des Pai-Choi und des Timans muß neu eingeschätzt werden. Diese Aufgabenstellung ergibt sich aus der Tatsache, daß im unmittelbaren Westen und Osten des Urals große Erdöl- und Erdgaslagerstätten festgestellt wurden. Es genügt der Hinweis, daß im Norden der Westsibirischen Tiefebene gegenwärtig mehr als die Hälfte aller im Lande erkundeten Vorräte an Erdgas entdeckt wurden. Die Entdeckung dieser großen Lagerstätten energetischer nutzbarer Bodenschätze verpflichtet die Geologen, in deren unmittelbarer Nachbarschaft mineralische Rohstoffe für energieaufwendige Produktionen zu entdecken und zu erkunden. Der Nördliche und der Polarural sowie der Timan besitzen günstige Voraussetzungen für die Suche von Titan, Polymetallen, Bauxit, Kupfer und anderen Buntmetallen, Gold und nichtmetallischen Rohstoffen.

Es steht uns bevor, im Südural große Arbeiten durchzuführen, wo neben der bereits bekannten Gaisker Lagerstätte neue große Kupferlager entdeckt wurden und sich eine große neue Kupferprovinz des Landes abzeichnet. Wir müssen die Arbeiten im Kaukasus erweitern, wo alle Voraussetzungen dafür bestehen, neue große Provinzen der Polymetalle, des Quecksilbers, des Golds und nichtmetallischer nutzbarer Bodenschätze zu entdecken. Es ist notwendig, in Aserbaidshan eine neue polymetallische Erzprovinz zu entwickeln. Die erkundete Lagerstätte Filistschaj sowie die anderen in ihrer Nachbarschaft liegenden Kupfer-Polymetall-Lagerstätten zeugen für die großen Perspektiven dieser Erzprovinz. Es steht uns bevor, das mineralische Rohstoffpotential des Woronesh—Kursker präkambrischen Vorsprungs neu einzuschätzen. Hier wurden außer kolossalen Eisenerzlagerstätten in letzter Zeit Lagerstätten hochwertiger Bauxite, von Nickelsulfiden und Anzeichen für eine Goldführung festgestellt. Der Woronesh—Kursker Ausbiß des präkambrischen Fundaments ist nach seinem Ausmaß nicht kleiner als die Kola-Halbinsel. Der Aufschluß seiner Rohstoffressourcen unter der Sedimentdecke ist eine äußerst interessante und perspektive Aufgabe.

Gegenwärtig wird ein Programm komplexer geologischer Forschungen einzelner großer Regionen mit erwarteter hoher Perspektivität der Erzführung ausgearbeitet, die den Sucharbeiten vorausgehen. So ist die räumliche Tiefenkartierung im Komplex mit geophysikalischen Aufnahmen vorgesehen, die das Ziel hat, Flächen für Sucharbeiten in der Kysilkum und den angrenzenden Bezirken zwischen dem Tienschan und dem Ural auszugliedern. Es ist notwendig, große Lagerstätten hochwertiger Bauxite im Ural, Timan, in Sibirien, Mittelasien und im Kaukasus zu entdecken und zu erkunden. Wir müssen große Quecksilber-, Zinn- und Wolframprovinzen finden und erkunden.

Uns stehen noch kompliziertere Aufgaben bevor, die in den alten Erzbezirken des Landes gelöst werden müssen. In den einen Fällen hat das schnelle Förderwachstum zu einer unzureichenden Versorgung der Montanbetriebe mit erkundeten Vorräten geführt. Es müssen z. B. neue reiche Nickellagerstätten auf der Kola-Halbinsel, Kupferlagerstätten im mittleren Ural, Polymetall-Lagerstätten im Altai gefunden werden. In anderen Fällen, wo die weitere Vergrößerung der Produktionskapazitäten der bestehenden Montanbetriebe sinnvoll ist, steht uns bevor, neue Erzfelder zu erkunden. Als Beispiel verweisen wir auf die Notwendigkeit, die erkundeten Apatit-Vorräte in Chibiny, die Muskovit-Glimmer-Vorräte in den Mamsker, Jeno-Kowdorsker und Tschupinsker Bezirken stark zu vergrößern, ferner die Vorräte an Gold in Kasachstan und Usbekistan, an Diamanten und Gold in Jakutien usw.

Es steht uns ebenfalls bevor, neue große erdöl-erdgasführende Becken in der Moskauer Syneklise, in der Mesensker Senke, in der Rjasan—Saratower Einsenkung, auf der Sibirischen Tafel, auf Kamtschatka und Tschukotka zu entdecken. Für 1971—1975 sind folglich ein breites Programm den geologischen Erkundungsarbeiten vorauslaufender regionaler Untersuchungen auf dem Territorium der Sowjetunion vorgesehen, ein Umfang an Such- und Erkundungsarbeiten auf neuen Lagerstätten, der größer ist als in den vorangegangenen Perioden, sowie die Überprüfung des Erforschungsgrades alter Erzbezirke.

Die Lösung dieser mineralischen Rohstoffaufgaben ist nur auf einer breiten wissenschaftlich-technischen Grundlage möglich. Wir werden hier die Fragen der Erkundungstechnik nicht berühren und lediglich bei einigen Fragen der petrographischen Forschungen verweilen, die sich mit dem Studium des Stoffbestands der Erdrinde beschäftigen.

Bekanntlich haben wir früher Erz neben dem Erz gesucht. Dieses klassische Prinzip bedarf gegenwärtig einer ernsthaften Korrektur. In Einzelfällen hat es sogar die Entwicklung der geologischen Erkundungsarbeiten und den Beginn der Suche in neuen Bezirken gehemmt. Wie oben gezeigt wurde, muß Erz jetzt nicht mehr so sehr neben dem Erz gesucht werden, sondern in solchen geologischen Verhältnissen, die für die Bildung von Erzlagerstätten besonders günstig sind, obwohl ihre direkten Ausbisse an der Oberfläche fehlen. In Verbindung damit sind die Erkenntnis der Gesetzmäßigkeiten in der Verteilung nutzbarer Bodenschätze, die Prognostizierung von Bezirken für die Suche und Erkundung, die Annäherung der Wissenschaft an die geologische Produktion und die Nutzung der wissenschaftlichen Errungenschaften in der Suchpraxis die wichtigsten Aufgaben in der gegenwärtigen Entwicklungsetappe der Geologie. Die Schaffung neuer mineralischer Rohstoffbasen und die Erweiterung der mineralischen Rohstoffbasen der arbeitenden Betriebe sind ohne tiefe Kenntnis der Gesetzmäßigkeiten über die Bildung und Verteilung der Lagerstätten nutzbarer Bodenschätze unmöglich. Das Problem der Lagerstättengenesis war stets das führende Problem für die geologische Wissenschaft. Jetzt ist es auf das Niveau eines direkten Parteidokuments angehoben worden.

Im Beschluß des XXIII. Parteitages der KPdSU ist vorgesehen: „...Erweiterung der wissenschaftlichen Arbeiten zum Studium der Erdrinde und der Gesetzmäßigkeiten der Verteilung von Lagerstätten nutzbarer Bodenschätze zwecks besserer Nutzung der natürlichen Ressourcen".

Das Problem der Ermittlung der Gesetzmäßigkeiten bei der Bildung und folglich auch die Gebundenheit der Lagerstätten nutzbarer Bodenschätze an bestimmte geologische Komplexe, als Grundlage für die rationellste Suche und Erkundung der Lagerstätten nutzbarer Bodenschätze, müssen zum Hauptinhalt der Arbeit der wissenschaftlichen Einrichtungen werden. Dies hat direkte Beziehungen auch zur Tätigkeit der Petrographen. Seinerzeit haben sich die Petrographen intensiv mit den Fragen der Beziehungen zwischen Erzführung und bestimmten Magmatypen beschäftigt und die Verbindung der Vererzung zum Charakter der magmatischen Tätigkeit festgestellt. Dazu wurden nicht wenige Arbeiten veröffentlicht, die heute schon klassisch sind (die Arbeiten von S. S. SMIRNOW, J. A. BILIBIN, CH. M. ABDULAJEW u. a.).

Früher wurden die geochemischen Gesetzmäßigkeiten der Konzentration nutzbarer Bodenschätze in bestimmter petrologischer Situation breit behandelt (Arbeiten von A. E. FERSMAN). Später hat N. S. SCHATSKIJ die Aufmerksamkeit auf die Rolle der geologischen Struktur- und tektonischen Faktoren bei der Lokalisierung der Vererzung gelenkt. Damals wurden auch die Grundprinzipien für die Ermittlung der Gesetzmäßigkeiten für die Lokalisierung nutzbarer Bodenschätze formuliert.

In letzter Zeit wird jedoch bei der Darlegung der Gesetzmäßigkeiten der Lagerstättenbildung die Hauptaufmerksamkeit eben auf diese geologischen Struktur- und tektonischen Faktoren gerichtet. In geringerem Maße wird die Verbindung der Vererzung mit diesen oder jenen Gesteinen berücksichtigt. In der Organisation der Sucharbeiten wird völlig richtig die Bedeutung der geochemischen (metallometrischen) und geophysikalischen Suchmethoden nutzbarer Bodenschätze unterstrichen. Das sind neue, sich entwickelnde Methoden, die wir dringend benötigen. Mit ihnen wird der ganze geologische Dienst ausgerüstet.

Uns erscheint es jedoch völlig unrichtig, daß in letzter Zeit der Wissenschaft über den die Erdrinde bildenden Stoff (und in erster Linie der Petrographie und der Mineralogie) geringere Aufmerksamkeit erwiesen wird, sowohl in der Such- und Erkundungspraxis als auch in der theoretischen Begründung einzelner Prozesse der Erzbildung. Die Rolle der Petrographie muß erneut als eine der wichtigsten Wissenschaften nicht nur über die Gesteine und insgesamt über die Materie der Erdrinde erhöht werden, sondern auch als eines der wichtigsten Kriterien zur Erkenntnis der Erzbildung. Auf neuer geochemischer Grundlage, gestützt auf die neuen Methoden der Korrelation des Bestandes der Gesteine und der Erze, darunter auch auf die absolute Altersbestimmung, bei Kenntnis der konkreten historisch-geologischen Verhältnisse der Entwicklung der geologischen Struktur, die die Vererzung und die Intrusion führt, muß die Verbindung der Vererzungstypen mit den Äußerungen des Magmatismus und des Tiefenmetamorphismus betrachtet werden. Solche Arbeiten braucht der geologische Dienst dringend als theoretische Begründung für die Richtung der Such- und Erkundungsarbeiten.

Das Gestein ist nicht nur ein Ausdruck der geologischen Prozesse selbst, die in der Erdrinde ablaufen, sondern auch des Milieus, in dem sich die geologischen, geochemischen und geophysikalischen Prozesse vollziehen. Weder die Geochemie noch die Geophysik — wie stark sie auch durch ihre Methoden sein mögen — können sich ohne hochentwickelte Petrographie entwickeln. Die Dechiffrierung und das Verständnis aller geophysikalischen Parameter ist ohne Kenntnis der physikalischen Eigenschaften der Gesteine unmöglich. Gegenwärtig entwickelt sich die Petrophysik sehr schnell. Wir nehmen an, daß sie in Zukunft die physikalischen Eigenschaften der Gesteine nicht an Hand einzelner Etalonhandstücke bestimmen wird, sondern unmittelbar im Anstehenden der geophysikalischen Polygone.

Die Geochemie selbst wurde zur Wissenschaft hauptsächlich nach der Bestimmung der Clarke, die in den Anfangszeiten verallgemeinerte Resultate der durchschnittlichen chemischen Zusammensetzung der Gesteine waren. Die Geochemie entsprang stärker der Petrographie als der Mineralogie, obwohl die Mineralogie sie geschaffen hat. Die Petrographen müssen die Rolle und Bedeutung ihrer Wissenschaft bis zum Niveau einer der wichtigsten fundamentalen geologischen Wissenschaften anheben, allein auf deren Grundlage sich Geophysik und Geochemie und die Lehre über die Erzbildung entwickeln können.

Im Formierungsprozeß der Gesteine bilden sich — als Regel — die nutzbaren Bodenschätze. Wir müssen nach Kräften die Forschungen über die Verbindung der Vererzung zum Stoffbestand und der Genesis der Gesteine unterstützen. Leider sind Arbeiten über die Rolle dieser oder jener gesteinsbildenden Prozesse bei der Lagerstättenentstehung in letzter Zeit bedeutend seltener geworden als Forschungen zu anderen Problemen.

Häufig wird die Lösung der wichtigsten theoretischen Probleme über die Verbindung des Erzes zu den Gesteinen (wozu ein ungeheures Faktenmaterial vorliegt, das seiner Bearbeitung harrt) mit Problemen des Studiums des oberen Mantels vertauscht, wo die Gesetzmäßigkeiten der Erzbildung weitaus hypothetischer sind. Damit soll nicht gesagt sein, daß der obere Mantel und die tiefen Zonen der Erdrinde nicht untersucht werden sollten. Das ist zweifellos ein außerordentlich interessantes Problem; doch es kann nicht das Hauptproblem der geologischen Wissenschaft ersetzen — die Ermittlung der Gesetzmäßigkeiten der Gesteins- und Erzbildung.

Das Problem der Beziehungen der Vererzung zur petrographischen Zusammensetzung der Gesteine muß gegenwärtig auf neuer Grundlage gelöst werden, da deren Heterogenität festgestellt wurde. Wir arbeiten gegenwärtig noch ungenügend diese wichtigste Entdekkung unserer Tage aus. Doch davon, wie die Genesis des Gesteins ist, das die Vererzung mit sich bringt oder für die Vererzung der Lagerstätte das Muttergestein darstellt, hängen sowohl die Prognose für die Suche als auch das Erkundungssystem ab.

In den von uns geleiteten Laboratorien für Lithologie

und Geochemie des Präkambriums im WIMS und GIN wird in breiter Front an der Ermittlung der Genese der alkalischen Granite, Amphibolite, Eklogite und Granulite gearbeitet. Es wurde festgestellt, daß diese Gesteine trotz ihrer übereinstimmenden mineralischen und chemischen Zusammensetzung verschiedenen primär-sedimentären oder primär-magmatischen Ursprungs sind.

Die ermittelte Heterogenität der Gesteine zwingt uns zur Überprüfung der Kartierungsmethodik in Bezirken mit magmatischen und metamorphen Gesteinen, besonders des Präkambriums. Die Zeit ist gekommen, auf der Karte nicht nur den Gesteinstyp, sondern auch die Gesteinsgenese — Para- oder Orthogranite, Amphibolite, Eklogite usw. — auszudrücken. Das wird außerordentlich große Bedeutung für die Suchpraxis haben. Zunächst erscheint es als wahrscheinlich zweckmäßig, einige experimental-methodische geologische Kartierungstrupps aus Petrographen und Kartierern zu bilden und geologische Karten des Präkambriums auf genetischer Grundlage zu schaffen, die die Genese der Gesteine wiedergeben.

Für die praktische Geologie sind neue Gesteinsklassifikationen äußerst notwendig. Die bestehenden Klassifikationen, besonders die der magmatischen und metamorphen Gesteine, müssen im Lichte der neuesten Vorstellungen über die Heterogenität der Gesteine, der Isotopenzusammensetzung der petrogenen und anderen Elemente usw. überprüft werden. Die genetische Klassifikation der Gesteine wird nicht nur zur Realität, sondern auch zur wissenschaftlichen und praktischen Notwendigkeit. Die Petrographen müssen in der Gesteinsnomenklatur die notwendige Ordnung schaffen.

In den letzten Jahren wurde bei uns der geochemischen Kartierung große Aufmerksamkeit zuteil, den metallometrischen Aufnahmen, der Ausarbeitung geochemischer Karten, Profile und Schnitte. Ohne Zweifel haben diese Karten und Profile gewisse praktische Bedeutung. Mit ihrer Hilfe wurden in einer Reihe von Fällen bedeutende Erzlager entdeckt. Manchmal waren diese geochemischen Karten und Profile die Darstellung einer gewissen Summe verallgemeinerter Daten, die als Ergebnis der Bearbeitung einer Vielzahl chemischer Bestimmungen erhalten worden waren. Sie berücksichtigen jedoch nicht immer die geologische Situation des untersuchten Bezirks, die petrographische und mineralische Zusammensetzung der Gesteine. Das ergab sich daraus, daß in der Entwicklung der geochemischen und metallometrischen Forschungen die Rolle der Petrographie in einer gewissen Weise vernachlässigt wurde; die Autoren geochemischer und metallometrischer Karten gingen an die Ausarbeitung mehr als Chemiker-Analytiker heran, denn als Geochemiker der Prozesse, die in der Erdrinde in konkreten petrographischen Situationen ablaufen. Wir sind der Meinung, daß geochemische Forschungen ohne tiefe Kenntnis der Petrographie der Gesteine und der Mineralbildungsprozesse, der Genesis jener Komplexe, deren Geochemie untersucht wird, nicht nur ein vergeblicher Kraftaufwand sind, sondern sogar der Entwicklung der Geochemie schaden können.

Wir möchten die Aufmerksamkeit auf das Studium der gesteinsbildenden Minerale richten — der Hauptkomponenten, die die physikalischen und chemischen Eigenschaften der Gesteine bestimmen. Der Untersuchungsgrad der gesteinsbildenden Minerale in den Gesteinen ist beim gegenwärtigen Niveau der mineralogischen Untersuchungen gewöhnlich niedriger als der Erforschungsgrad der Akzessorien und seltenen Minerale. Die allseitige Untersuchung der Eigenschaften der gesteinsbildenden Minerale mit den modernen Methoden der mineralogischen Forschungen, besonders in Verbindung mit der Heterogenität der Gesteine, liefert neues Material für die Erkenntnis ihrer Genese und neue Fakten über die Beziehungen zwischen Gesteins- und Erzbildung. Die Zeit ist herangereift, um die Untersuchung der Geochemie der gesteinsbildenden Minerale zu beginnen. Die Clarke, die gegenwärtig aus den allgemeinen Analysen der Gesteine abgeleitet und für Gesteinstypen genannt werden, müssen durch die Clarke der gesteinsbildenden Minerale ergänzt werden. Zukünftig werden die Clarke erhalten werden, indem von der Verteilung der chemischen Elemente in den Mineralen und dem Gehalt dieses Minerals im Gesteinsbestand ausgegangen wird. Diese Arbeiten sind im Hinblick auf die Heterogenität der Gesteine und den Umstand, daß sich viele von ihnen im Ergebnis vielfältiger Einflüsse geologischer Prozesse bildeten, besonders wichtig.

Es muß nochmals die Aufmerksamkeit auf die Verstärkung topomineralogischer Forschungen gelenkt werden. Dieser Arbeitsabschnitt hat sich als sehr vernachlässigt herausgestellt. In der letzten Zeit hat es überhaupt keine großen topomineralogischen Arbeiten gegeben. Die Herausgabe der Buchserie „Minerale der UdSSR" ist zum Stillstand gekommen. Metallogenetische Karten und Schemata, die in letzter Zeit demonstriert wurden, werten die topomineralogischen Fakten einzelner Bezirke weniger als alles andere aus. Die mineralogische Assoziation ist jedoch der Hauptausdruck geochemischer und Vererzungsprozesse. Es ist notwendig, die Grundsätze der topomineralogischen Untersuchungen zu überprüfen. Wir brauchen nicht einfach registrierend-statistische Beschreibungen einzelner Minerale nach Regionen, sondern die Charakteristik der Entwicklung der mineralbildenden Prozesse, besonders in Erzbezirken.

Indem wir die Bedeutung der Mineralogie und Petrographie unterstreichen, der Hauptwissenschaften über den Stoff der Erdrinde, wollen wir auf die Notwendigkeit verweisen, überhaupt die Aufmerksamkeit für die klassischen geologischen Wissenschaften zu verstärken, die Grundlage für die Entwicklung neuer wissenschaftlicher Richtungen wurden. Die Mineralogie, Lithologie, Paläontologie, Stratigraphie, Tektonik — das sind jene fundamentalen geologischen Wissenschaften, auf deren Basis sich die ganze Vielfalt der wissenschaftlichen Vorstellungen über die Erdrinde aufbaut — die Geochemie, Geophysik, Petrophysik, Tektonophysik, Isotopengeologie, der Metamorphismus, die Lithologie des Präkambriums usw. Nach wie vor hat die Entwicklung dieser fundamentalen Wissenschaften erstrangige Bedeutung für den geologischen Dienst. Im Grunde erfüllen sie schon lange dienstliche Pflichten als Bestandteil der Produktion, und das ist die höchste Anerkennung für ihre Bedeutung. Wenn es bei uns keine gut entwickelten stratigraphischen und paläontologischen Wissenschaften gäbe, wenn wir keine gutorganisierte Biostratigraphie nicht nur als Wissenschaft hätten, sondern auch als entsprechenden Dienst, hätten wir nicht jene Erfolge in der Entdeckung von Erdöl- und Erdgaslagerstätten, die in der letzten Zeit alle in Erstaunen versetzen. Denn in den letzten drei bis vier Jahren hat sich die Lage bei der Versorgung unserer Industrie mit erkundeten Vorräten an Erdöl und Erdgas grundlegend verändert.

Und genauso, wenn wir keine Mineralogie und Petrographie haben werden, die dem gegenwärtigen Entwicklungsniveau der Naturwissenschaften und den Forderungen der Praxis entsprechen, können wir nicht mit begründeter Sicherheit, mit der größten ökonomischen Effektivität das mineralische Rohstoffpotential an festen nutzbaren Bodenschätzen anwachsen lassen.

Die Rolle der Mineralogie und Petrographie muß im allgemeinen Komplex der geologischen Wissenschaften erhöht werden. Diesen ältesten Wissenschaften über die Substanz der Erdrinde muß die gleiche Aufmerksamkeit erwiesen werden wie den neueren, deren Rolle mit allen Kräften unterstrichen wird. Die mineralogischen und petrographischen Laboratorien, Abteilungen, Institute müssen allseitig gefestigt werden. Es dürfen keine Mittel für ihre Ausrüstung mit den modernsten Geräten zu schade sein.

Die Petrographen und Mineralogen müssen sich voll der Bedeutung ihrer Wissenschaften für die allgemeine Entwicklung der geologischen Wissenschaften bewußt sein, für die Erweiterung der mineralischen Rohstoffressourcen des Landes, und die Forschungsorganisation und ihre technische Ausrüstung auf ein prinzipiell neues Entwicklungsniveau heben, das dem entsprechenden gegenwärtigen Niveau der führenden physikalischen, chemischen und mathematischen Wissenschaften entspricht.

Ich möchte die Aufmerksamkeit auch auf einige mehr spezielle Fragen der Petrographie richten. Wir meinen, daß die Bearbeitung des petrographischen Materials hinter den Forderungen der Wissenschafts- und Produktionsentwicklung zurückbleibt, manchmal formal erfolgt. Der geologische Dienst des Landes erhält gegenwärtig ein kolossales Faktenmaterial zur Petrographie, Mineralogie und Lithologie. Es genügt, darauf hinzuweisen, daß die Geologen gegenwärtig jährlich über 5,5 Millionen Bohrmeter sogenannter Tiefbohrungen mit Anlagen der Erdölreihe sowie mehr als 18 Millionen Meter mit Kernbohrgeräten bei der Suche fester nutzbarer Bodenschätze bohren, der geologischen und hydrogeologischen Kartierung. Wir treiben jährlich unter Tage hunderte Kilometer Strecken vor. Es werden solche Profile und Horizonte der Erdrinde aufgeschlossen, die früher völlig unzugänglich waren. Das alles liefert ein ungeheures Material, das für große wissenschaftliche Verallgemeinerungen ausgenutzt werden kann. Der geologische Dienst des Landes führt die laufende systematische Bearbeitung des Materials durch. Bei uns wurden dafür petrographische Kabinette und Laboratorien gebildet; in diesen Arbeiten überwiegt jedoch der Bestimmungscharakter. Wir brauchen aber außerdem große regionale Verallgemeinerungen. Vielleicht sollten wir zur Herausgabe großer verallgemeinernder Arbeiten zur Petrographie einzelner Regionen zurückkehren, eine vielbändige Petrographie der UdSSR herausgeben, Arbeiten über die petrographischen Provinzen der UdSSR organisieren, selbstverständlich auf neuer Grundlage, unter Berücksichtigung der Genese der Gesteine und des historisch-geologischen Prinzips der Entwicklung von Geostrukturen, die die Gesteine enthalten.

Die Belebung der petrographischen Arbeit ist gegenwärtig deshalb besonders wichtig, weil das Ministerium für Geologie der UdSSR übertiefe Bohrungen sowie Basisbohrungen in den Erzbezirken niederbringt. Wir setzen auf der Kola-Halbinsel im Petschengsker Bezirk eine übertiefe Bohrung an, die 7—8 Kilometer in das kristalline Fundament eindringt. 5 km tiefe Bohrungen werden im Chibiner Massiv, in Kriwoi Rog, im Ural, im Donbass und in Sibirien niedergebracht. Gegenwärtig sind 7 km tiefe Bohrungen, die in Erdölgebieten niedergebracht werden, schon keine Seltenheit mehr. Es ist geplant, ein System von Basisbohrungen in den in Abbau stehenden Erzbezirken zu schaffen, analog dem in der UdSSR existierenden System an Basisbohrungen für die Klärung der Erdöl-Erdgas-Führung. Basisbohrungen in den bestehenden Erzbezirken werden gebraucht, um die allgemeinen Gesetzmäßigkeiten der Erzbildung, die Klärung der Perspektiven der Vererzung in der Tiefe zu erkennen. Wir brauchen ein Netz vorauseilender Basisbohrungen in möglichen neuen Erzbezirken, in perspektiven Gebieten. Die Begründung für den Ansatz der Bohrungen ist eine der kompliziertesten wissenschaftlichen Aufgaben, zu denen unbedingt alle Gelehrten — Erzspezialisten, Petrographen und Tektoniker — herangezogen werden müssen.

Die Bearbeitung des Materials der Basis- und übertiefen Bohrungen im kristallinen Fundament ist eine der interessantesten wissenschaftlichen Aufgaben. Die Gewinnung eines Maximums an Informationen aus diesen Bohrungen ist sehr wichtig. Daher ist es zweckmäßig, zu dieser Arbeit nicht nur die Produktion und thematischen Trupps des Ministeriums für Geologie der UdSSR heranzuziehen, sondern alle wissenschaftlichen Einrichtungen, die in dieser Hinsicht nützlich sein können.

Bekanntlich ist die Entwicklung der geologischen Wissenschaften in zwei Hauptrichtungen verlaufen: der endogenen und der exogenen; die Kollektive der Geologen-Magmatiker und Geologen-Sedimentologen haben sich deutlich herausgebildet. Die letzten Arbeiten und Forschungen über die präkambrischen metamorphen Schichtfolgen mit den Methoden der Lithologie und Sedimentologie haben gezeigt, daß wir jetzt in eine Periode der Annäherung dieser beiden diametral entgegengesetzten Richtungen eintreten. Es stellte sich heraus, daß viele Gesteine mit eindeutig magmatischem Aussehen ursprünglich sedimentäre Gesteine waren. Dank der Konvergenz der Kennzeichen verwischt sich die Grenze zwischen exogenen und endogenen Gesteinen.

In den letzten Jahren tauchte an der Naht der endogenen und exogenen Geologie eine neue wissenschaftliche Richtung auf, die sich schnell konsolidierte — die Lithologie und Sedimentgeologie des Präkambriums. In dem Maße, wie sich diese entwickelt, zeichnet sich immer mehr ihre große wissenschaftliche und praktische Bedeutung ab.

Es ist zweckmäßig, die Aufmerksamkeit auch auf eine andere neue wissenschaftliche Richtung zu lenken, die die Sedimentgeologen und Magmatiker einander nähert — die Untersuchung der sedimentär-vulkanogenen Gesteins- und Erzbildung. Die Geologen überzeugen sich mehr und mehr von der bedeutenden Rolle des Vulkanismus bei der Bildung von Sedimentgesteinen und Erzen und der großen Verbreitung von hybriden Gesteinen in der Erdrinde, die durch Prozesse des Vulkanismus und der Hypergenese entstanden sind. Immer mehr wächst die wissenschaftliche und praktische Bedeutung der sediment-vulkanogenen Gesteine und Erze. Wir möchten, daß diesen beiden wissenschaftlichen Richtungen die Petrographen-Magmatiker größere Aufmerksamkeit erweisen, die gleiche, die die Lithologen gegenwärtig den endogenen Prozessen zu erweisen beginnen. Es ist ferner notwendig, mit allen Mitteln jene wissenschaftlichen Kollektive und Organisationen zu entwickeln und zu schaffen, die sich mit dem Studium der Prozesse beschäftigen, die im Grenzbereich der Endogenese und Exogenese vor sich gehen.

Die Maßstäbe der geologischen Erkundungsarbeiten in der UdSSR wachsen schnell. Das Ministerium für Geologie der UdSSR ist jetzt zu einem großen spezifischen Zweig der Volkswirtschaft geworden, der erkundete Vorräte mineralischer Rohstoffe schafft und die Entwicklung der bergbautreibenden Industrie sichert sowie neue Perspektiven für die Entwicklung der Schwerindustrie eröffnet.

Für geologische Erkundungsarbeiten werden gegenwärtig bedeutend mehr Mittel verausgabt als für einige große Industriezweige. In die geologischen Arbeiten ist eine Halbmillionenarmee aus Arbeitern, Ingenieuren, Technikern und Gelehrten einbezogen. Große wissenschaftliche Kollektive arbeiten in der Geologie. Sie alle sind auf die Lösung jener Kardinalaufgaben ausgerichtet, die jetzt dem geologischen Dienst zur Sicherung der stürmischen Entwicklung der Volkswirtschaft gestellt sind. Das weitere Wachstum der mineralischen Rohstoffressourcen des Landes, die Vergrößerung des mineralischen Rohstoffpotentials, ist nur möglich auf der Basis einer breiten Anwendung der Errungenschaften der Wissenschaften. Die wissenschaftlich-technische Revolution, die sich im Lande vollzieht, hat auch die Geologie unseres Landes ergriffen.

Die Lösung der grandiosen vor der Geologie stehenden Aufgaben ist unmöglich, wenn irgendwelchen Wissenschaften der Vorzug gegeben wird, wie neu sie auch sein mögen. Gegenwärtig, bei der zu beobachtenden Differentiation der Wissenschaften und dem Auftauchen neuer wissenschaftlicher Richtungen, ist eine der wichtigsten Bedingungen die harmonische Entwicklung des Komplexes der geologischen Wissenschaften, die vor allem auf der fundamentalen Basis der naturwissenschaftlich-historischen Geologie aufbauen muß. Im Komplex der geologischen Wissenschaften, die grandiose mineralische Rohstoffaufgaben des Landes lösen, müssen erneut die Wissenschaften über die Substanz der Erdrinde einen würdigen Platz einnehmen — die Petrographie und die Mineralogie. Die Aufgabe, die Petrographie und Mineralogie auf ein neues wissenschaftliches Niveau zu heben, werden die Petrographen und Mineralogen auf der Grundlage der neuesten Errungenschaften der Physik, Chemie und Mathematik selbst lösen.

Noch einmal wünschen wir den Petrographen Erfolg bei der Entwicklung der sowjetischen Petrographie, die eng mit der Lösung praktischer Aufgaben verbunden ist.

Zum Verhalten der stabilen Kohlenstoffisotope bei der Inkohlung

CHRISTIAN GEISSLER, Leipzig, & LUZIAN BELAU, Rostock

Während des Bildungsprozesses der Kohlen erfolgt eine relative Anreicherung von Kohlenstoff in den Ablagerungen, verglichen mit der pflanzlichen Ausgangssubstanz (BELAU 1967, BERGIUS 1913, LEIBNITZ 1964). Gleichzeitig verarmt die Kohlesubstanz mehr und mehr an den Elementen Wasserstoff, Sauerstoff und Stickstoff, die in Form von Wasser, Kohlendioxid, Methan, höheren Kohlenwasserstoffen und Stickstoff abgegeben werden. Diese komplexe, aus vielen Einzelreaktionen bestehende Bruttoreaktion wird allgemein mit dem Begriff „Inkohlung" beschrieben. Da bei der Inkohlung der abgespaltene Wasserstoff und Sauerstoff zum Teil an Kohlenstoff gebunden sind, der durch die Sprengung von C–C-Bindungen aus der Kohle herausgerissen wird, muß eine Fraktionierung der C-Isotope im Verlauf der Inkohlung erwartet werden.

^{13}C-Untersuchungen von WICKMAN (1953), CRAIG (1953), JEFFERY u. a. (1955) sowie COMPSTON (1960) an Gliedern der natürlichen Inkohlungsreihe ergaben keine klare Abhängigkeit des $\delta^{13}C$-Werts vom Inkohlungsgrad oder Alter der untersuchten Kohlen. In Abb. 1 sind die Ergebnisse der genannten Autoren zusammenfassend graphisch dargestellt. Untersuchungen an rezenten terrestrischen Pflanzen von WICKMAN (1952), CRAIG (1953), PARK & EPSTEIN (1961) ergaben eine Schwankungsbreite von 9 ‰ des $\delta^{13}C$-Werts für verschiedene Pflanzenarten, die praktisch den gesamten Streubereich der $\delta^{13}C$-Werte für die verschiedenen Kohletypen überdeckt (Abb. 1). Die genannten Autoren gelangten übereinstimmend zu der Schlußfolgerung, daß die isotope Zusammensetzung des C der Kohlen in erster Linie durch die des pflanzlichen Ausgangsmaterials geprägt wurde, während einer C-Isotopenfraktionierung bei der Inkohlung keine oder nur geringfügige Bedeutung zukommt. WICKMAN (1953) fand eine gewisse Übereinstimmung zwischen der ^{13}C-Häufigkeit verschiedener Kohlen und der einiger Pflanzenarten, die für die Bildung der betreffenden Kohlen hauptsächlich in Frage kommen. Bedenkt man, daß

a) verschiedene Stoffgruppen im pflanzlichen Ausgangsmaterial unterschiedliche ^{13}C-Häufigkeiten aufweisen (Lipid-

Eingang des Manuskripts in der Redaktion: 26. 6. 1970.

Als Vortrag gehalten auf der 6. Arbeitstagung über stabile Isotope, 12.–19. Oktober 1969 in Leipzig.

Wir danken Herrn Dipl. Phys. K.-P. DOSTAL, unter dessen Leitung die massenspektrometrischen Messungen ausgeführt wurden.

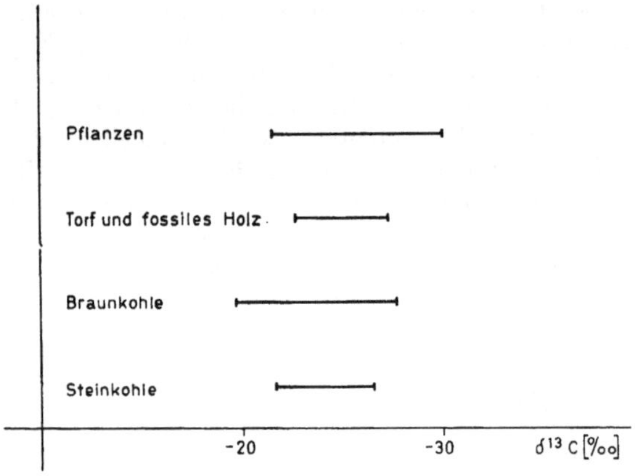

Abb. 1. δ^{13}C-Werte von Brennstoffen

fraktionen sind ^{13}C-arm — PARK & EPSTEIN 1961, FISCHER u. a. 1968 —, Zellulose und andere Polysaccharide sind ^{13}C-reicher, Lignin rangiert in der Mitte; Unterschied zwischen Fetten und Zellulose bis 10‰ — PARK & EPSTEIN 1961, SILVERMAN u. a. 1958)

und daß

b) diese Stoffgruppen gegenüber dem bakteriellen, chemischen und thermischen Angriff während des Inkohlungsprozesses unterschiedlich beständig sind (Lipide, Fette und Wachse sind am stabilsten, während der Abbau von Zellulose schon im ersten Stadium der Inkohlung, der biochemischen Phase, weitgehend erfolgt — JEFFERY u. a. 1955),

so ist es überraschend, daß in der genetischen Reihe Pflanze — Torf — Braunkohle — Steinkohle — Anthrazit keine eindeutigere Tendenz der δ^{13}C-Werte zu beobachten ist.

Eine Klärung des Zusammenhangs zwischen Inkohlungsgrad und ^{13}C-Häufigkeit ist sehr schwer, weil man nicht verschieden stark inkohlte Proben eindeutig dem gleichen pflanzlichen Ausgangsmaterial zuordnen kann. Durch Modellversuche zur Inkohlung einer einheitlichen Pflanzensubstanz sollte ein Beitrag zur besseren Kenntnis der Brennstoffgenese geliefert werden.

Für die durchzuführenden Versuche zur künstlichen Inkohlung wurde von den Autoren das Erhitzen unter Druck in Gegenwart von Wasser gewählt, weil das auch bei der natürlichen Inkohlung anwesende Wasser zweifellos einen wesentlichen Einfluß auf die ablaufenden Reaktionen hat. Als Ausgangssubstanz wurde schwach angetorftes Moos (*Sphagnum palustre*, Hochmoor Göldenitz) benutzt (Tab. 1). Im Unterschied zu lebenden Pflanzen hat bei diesem die biochemische Phase der Inkohlung wenigstens schon teilweise stattgefunden, die bei der Druckinkohlung des Materials lebender Pflanzen übersprungen würde. Die Pflanzen wurden durch Auslesen von vergesellschaftenden Arten befreit, an der Luft getrocknet und gemahlen.

Es wurden folgende Versuchsbedingungen eingehalten:

Bezeichnung des Versuchs	Inkohlungsbedingungen	
	Temperatur (°C)	Zeit (min)
C 200/20	200	20
C 200/100	200	100
C 200/600	200	600
C 225/20	225	20
C 250/20	250	20
C 250/100	250	100
C 250/600	250	600
C 275/20	275	20

Tab. 1. Charakterisierung des Ausgangsmaterials *Sphagnum palustre*, schwach angetorft

chemische Charakterisierung: wf = auf wasserfreie Substanz bezogen, waf = auf wasser- und aschefreie Substanz bezogen

	Gehalt in %
Wassergehalt der lufttrockenen Substanz	15,94
Aschegehalt (wf)	2,92
Hemizellulosen (waf)	22,0
Zellulose (waf)	16,0
Lignin (waf)	2,2–4,8
Wasserlösliche Kohlehydrate (waf)	4,6
Bitumen (waf)	
a) benzollöslich	2,8
b) benzol- und äthanollöslich	5,3
Huminsäuren (gesamt) (waf)	12,0
Fulvosäuren (waf)	11,8
Humine (waf)	6,5
Hymatomelansäuren (waf)	5,1
Humussäuren (waf)	6,9
Elementarzusammensetzungen:	
C (waf)	50,0
H (waf)	5,57
N (waf)	0,76
O (waf)	43,6
Zersetzungsgrad nach VON POST	1–2

Ergebnisse der Inkohlungsversuche

Chemische Charakterisierung der Inkohlungsprodukte

Durch Erhitzen der pflanzlichen Ausgangssubstanz unter den angegebenen Bedingungen entstanden folgende Produkte:

a) ein fester, wasserunlöslicher Inkohlungsrückstand,

b) ein fester, wasserlöslicher Rückstand und

c) die Inkohlungsgase.

Die an den festen Inkohlungsprodukten gefundenen Analysenwerte sind in Tab. 2 zusammengestellt. Im ansteigenden Kohlenstoffgehalt zeigt sich der zunehmende Inkohlungsgrad der wasserunlöslichen Produkte mit steigender Versuchstemperatur bzw. Versuchsdauer.

Der wasserlösliche Rückstand wurde aus der gelb bis braun gefärbten Reaktionslösung, nach dem Abfiltrieren der festen Inkohlungsprodukte, durch Eindampfen gewonnen. Dieser Rückstand besteht aus Stoffen, die zur Kondensation und Verharzung neigen, die möglicherweise Vorstufen von Huminsäuren darstellen. In Tab. 3 sind die Analysenwerte der wasserlöslichen Inkohlungsprodukte und der Inkohlungsgase wiedergegeben.

Die Menge der entstandenen Inkohlungsgase steigt deutlich mit erhöhter Temperatur bzw. Versuchsdauer an. Als Hauptbestandteil ist CO_2 zu etwa 90% enthalten. Außer Methan wurden Wasserstoff (0,23—0,65%) und Spuren von höheren gesättigten und ungesättigten Kohlenwasserstoffen nachgewiesen. Kohlenmonoxid war in den Gasen nicht vorhanden. Stickstoff als Reaktions-

Tab. 2. Fester Inkohlungsrückstand

Substanz	Ausbeute % der lufttr. Substanz	Wasser % der lufttr. Substanz	Asche (wf) [%]	C-Gehalt (waf) [%]	H-Gehalt (waf) [%]
C 200/20	50,0	4,1(4,05)	3,4 (3,56)	58,76 (58,75)	5,82 (5,83)
C 200/100	47,0	4,85	2,9	61,45	6,03
C 200/600	44,5	4,45	2,8	68,05	5,67
C 225/20	38,0	3,3(4,31)	3,8 (3,95)	65,76 (63,59)	5,50 (5,13)
C 250/20	36,0	2,75(3,26)	3,85 (4,29)	72,32 (72,47)	5,23 (5,02)
C 250/100	42,5	9,7	3,5	75,65	5,55
C 250/600	41,0	4,3	3,4	77,0	5,64
C 275/20	35,0	2,06	4,3	74,30	5,57
Ausgangs-substanz	–	15,94	2,92	50,0	5,57

In Klammern: Ergebnisse des Parallelversuchs

produkt konnte nicht bestimmt werden, da der Autoklav vor jedem Versuch mit Bombenstickstoff gespült wurde.

Diskussion der Ergebnisse

Die künstlichen Inkohlungsprodukte wurden nach GEISSLER & MAASS (1968) zu CO_2 verbrannt und dieses an einem Massenspektrometer vom Typ M 86 der Firma Varian MAT analysiert. Die Fehlergrenze der ^{13}C-Analysen beträgt $\pm 0{,}12\,‰$ des $\delta^{13}C$-Werts (1σ-Definition). Alle $\delta^{13}C$-Werte beziehen sich auf den Chicagoer PDB-Standard.

In Tab. 4 sind die $\delta^{13}C$-Werte der festen und wasserlöslichen Inkohlungsrückstände wiedergegeben. Eine geringfügige ^{13}C-Anreicherung (0,4 ‰) mit steigendem Inkohlungsgrad, die sich in den festen Rückständen andeutet, geht bei Betrachtung der künstlichen „Gesamtkohlen" (Tab. 4, Spalte 3) verloren. Die Versuche wurden bei höheren Temperaturen durchgeführt, als in der Natur angenommen werden. Dadurch sind die Isotopieeffekte kleiner. Weiterhin berührten diese Versuche nur den Braunkohlenbereich, in dem vorwiegend CO_2 abgespalten wird. Dieses ist gegenüber der C-Gesamtmasse an ^{13}C angereichert. Im Steinkohlenbereich wird dann vorwiegend CH_4 entbunden, das auch in diesem Bereich relativ an ^{13}C abgereichert ist, wie Untersuchungen von BOKHOVEN & THEEUWEN (1966) zeigten. Somit kann ausgesagt werden, daß während des Inkohlungsprozesses zwar eine gewisse ^{13}C-Anreicherung in der festen Kohlesubstanz stattfindet, die aber vor allem im Braunkohlenbereich klein ist.

Tab. 4. $\delta^{13}C$-Werte (‰) der festen und wasserlöslichen Inkohlungsprodukte, auf PDB-Standard bezogen

Versuch	Fester Rückstand $\delta^{13}C$ [‰]	Löslicher Rückstand $\delta^{13}C$ [‰]	Fester und löslicher Rückstand (berechnet) $\delta^{13}C$ (‰)
C 200/20	−28,28	−25,20	−27,41
C 200/100	−28,26	−25,29	−27,58
C 200/600	−28,11	−25,24	−27,54
C 225/20	−28,15	−25,28	−27,40
C 250/20	−28,12	−25,46	−27,33
C 250/100	−28,15	−25,45	−27,61
C 250/600	−27,89	−25,44	−27,51
C 275/20	−27,88	−25,38	−27,45

$\delta^{13}C$ der Ausgangssubstanz = −27,37‰

Die gasförmigen Inkohlungsprodukte (Tab. 5)

Aus den $\delta^{13}C$-Werten der Kohlenwasserstoffe (zu 90% aus Methan bestehend) und des CO_2 in den Inkohlungsgasen (Abb. 2) ist eine deutliche ^{13}C-Abreicherung des CH_4 gegenüber CO_2 zu beobachten. Diese Abreicherung wird mit ansteigender Versuchstemperatur geringer. Es erhebt sich die Frage, ob die ermittelten ^{13}C-Häufigkeiten das Ergebnis eines Austauschgleichgewichts der Kohlenstoffisotope bei den entsprechenden Reaktionstemperaturen sind. In Tab. 6 sind die unter Annahme eines thermodynamischen Gleichgewichts errechneten Trennfaktoren α aus den $^{13}C/^{12}C$-Verhältnissen von Methan und CO_2 der Inkohlungsgase den von HABERLANDT berechneten Zustandssummenverhältnissen gegenübergestellt. Die Tatsache, daß mit längerer Versuchsdauer keine Annäherung der α-Werte an die berechneten Trennfaktoren zu beobachten ist, läßt die Möglichkeit eines C-Isotopenaustauschs zwischen CH_4 und CO_2 bei den durchgeführten Versuchen ausschließen.

Trägt man die $\delta^{13}C$-Werte von Methan und CO_2 gegen die entstandene Gesamtgasmenge auf (Abb. 2), so läßt sich folgender Zusammenhang erkennen: Mit steigender Temperatur und Reaktionszeit, d. h. mit fortschreiten-

Tabelle 3

Substanz	Lösliche Produkte: Ausbeute der lufttrockenen Substanz [%]	Lösliche Produkte: C-Gehalt (wf) [%]	Lösliche Produkte: H-Gehalt (wf) [%]	Inkohlungsgase: Gesamtmenge [l]	Inkohlungsgase: Zusammensetzung [Vol.-%] CH_4	Zusammensetzung [Vol.-%] CO_2	Zusammensetzung [Vol.-%] H_2	Als Maß für den Inkohlungsgrad % C (waf) im festen Rückstand
C 200/20	21,0	51,6	5,19	1,95	1,6	89,9	0,6	58,76
C 200/100	14,6	54,8	4,00	2,75				61,45
C 200/600	11,8	55,7	5,13	3,6				68,05
C 225/20	18,6	54,0	5,21	2,9	1,8	94,6	0,23	65,76
C 250/20	17,5	53,0	5,46	4,15	1,8	82,6	0,45	72,32
C 250/100	13,6	54,95	5,40	4,36				75,65
C 250/600	11,8	53,55	5,60	5,0				77,0
C 275/20	11,2	53,2	5,63	4,8	2,0	91,2	0,65	74,30

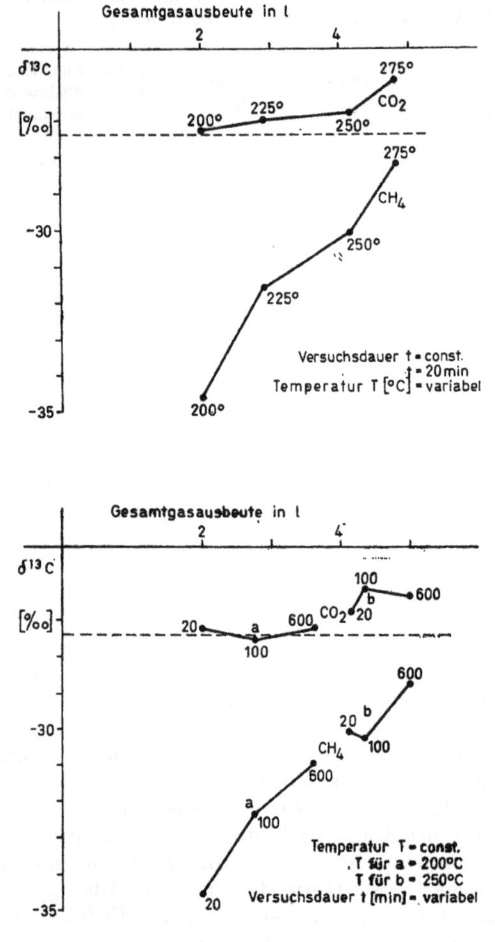

Abb. 2. Kohlenwasserstoffe und CO_2 in den Inkohlungsgasen

dem Umsetzungsgrad, verringert sich die Differenz zwischen den $\delta^{13}C$-Werten des Methans und der Ausgangssubstanz (unterbrochene Linie in Abb. 2). Die Steigerung des Umsetzungsgrads durch längere Versuchszeiten bewirkt eine Annäherung an die Ausgangssubstanz dadurch, daß die Menge der zur CH_4-Abspaltung verfügbaren Gruppen abnimmt. Während am Anfang bevorzugt $^{12}CH_4$ abgespalten wird, muß bei zunehmendem Reaktionsfortschritt auch in steigendem Maße $^{13}CH_4$ mit entbunden werden.

Tab. 5. $\delta^{13}C$-Werte der gasförmigen Inkohlungsprodukte, bezogen auf PDB-Standard

Versuch	Gesamt-Gasmenge (in l)	CH_4 und höhere Kohlenwasserstoffe $\delta^{13}C$ (‰)	CO_2 $\delta^{13}C$ [‰]
C 200/20	2,0	−34,57	−27,26
C 200/100	2,75	−32,34	−27,52
C 200/600	3,6	−31,95	−27,25
C 225/20	2,9	−31,56	−27,01
C 250/20	4,15	−30,05	−26,79
C 250/100	4,36	−30,25	−26,11
C 250/600	5,0	−28,74	−26,30
C 275/20	4,8	−28,20	−25,92

Tab. 6. Trennfaktor α, berechnet aus den experimentellen Werten von $\frac{[^{13}C/^{12}C]_{CO_2}}{[^{13}C/^{12}C]_{CH_4}}$ und $\alpha_{theor.}$, aus den Zustandssummenverhältnissen von CO_2 und CH_4

Versuch	$\frac{CO_2}{CH_4}$ $\alpha_{(exper.)}$	$\alpha_{(theoret.)}$
C 200/20	1,0076	1,032
C 200/100	1,0050	
C 200/600	1,0049	
C 225/20	1,0047	
C 250/20	1,0034	1,030
C 250/100	1,0043	1,027
C 250/600	1,0025	
C 275/20	1,0024	1,025

Bei der Steigerung des Umsetzungsgrads durch Temperaturerhöhung wird dieser Effekt durch einen zweiten überlagert. Mit steigender Temperatur verkleinert sich der kinetische Isotopieeffekt, was sich durch eine weitergehende Annäherung der $\delta^{13}C$-Werte für Methan an den Wert der Ausgangssubstanz ausdrückt, wenn der gleiche Umsetzungsgrad (gleiche Gesamtgasausbeute) statt durch längere Versuchszeiten durch Temperatursteigerung erzielt wurde (Abb. 2).

Die $\delta^{13}C$-Werte für CO_2 entfernen sich mit steigenden Reaktionstemperaturen und längeren Versuchszeiten vom $\delta^{13}C$-Wert des Ausgangsmaterials. Dies ist dadurch zu erklären, daß CO_2 ausschließlich durch Decarboxylierungen gebildet wird. Der Kohlenstoff von Carboxylgruppen in Naturstoffen ist allgemein gegenüber der Gesamtkohlenstoffmasse an ^{13}C angereichert (ABELSON & HOERING 1961). Mit fortschreitendem Umsetzungsgrad nähert sich demnach die Isotopenhäufigkeit des entbundenen CO_2 nicht der Ausgangssubstanz, sondern der durchschnittlichen ^{13}C-Häufigkeit in den Carboxylgruppen.

Die Versuche beweisen, daß bei der inkohlungsbedingten Gasabspaltung erhebliche C-Isotopenfraktionierungen auftreten können. Weitere Untersuchungen der ^{13}C-Häufigkeiten natürlicher und künstlicher Inkohlungsprodukte werden zur Vervollständigung des Bildes der Brennstoffgenese beitragen.

Durch ^{13}C-Analysen einzelner aus den festen künstlichen Inkohlungsprodukten isolierter Stoffgruppen könnten wertvolle Aussagen über die Bildung einzelner Stoffgruppen, z. B. der Huminsäuren, gewonnen werden. Dies zeigen die Ergebnisse der ^{13}C-Analyse von Braunkohleninhaltsstoffen, wie sie von FISCHER, MAASS, SONTAG & SUESS (1968 und 1970) erhalten wurden.

Zusammenfassung

Für Modellversuche zur Inkohlung wurde als Ausgangssubstanz schwach angetorftes Moos (*Sphagnum palustre*) verwendet, das bei Temperaturen zwischen 200 und 275 °C und Versuchszeiten von 20 bis 600 min in Anwesenheit von Wasser erhitzt wurde. Die kohleähnlichen Reaktionsprodukte wurden chemisch charakterisiert. An den festen und gasförmigen Reaktionsprodukten wurden ^{13}C-Bestimmungen durchgeführt. Die Ergebnisse der Isotopenanalysen werden im Zusammenhang mit den Ergebnissen der chemischen Analyse diskutiert.

Резюме

Для модельных опытов по углефикации как исходное вещество был использован слегка торфяной мох (*Sphagnum palustre*), который в присутствии воды нагревался в промежутке температур 200—275°C в опытное время 20 до 600 мин. Углеобразные продукты реакций охарактеризованы нами в химическом отношении. Твердые и газообразные продукты реакций исследовались на ^{13}C. Данные изотопных анализов сопоставля ются с данными химического анализа.

Summary

For coalification model tests a moss (*Sphagnum palustre*) slightly converted into peat was used as an initial substance, and was heated at temperatures between 200° and 275°C and experimental times from 20 to 600 minutes in the presence of water. The products of reaction resembling coal were characterized chemically. In the solid and gaseous products of reaction ^{13}C was determined. The results of isotope analyses are discussed in connection with results obtained by chemical analyses.

Literatur

Abelson, P. H., & T. C. Hoering: Proc. Nat. Acad. Sci. USA, 47, 5 (1961).

Belau, L.: Chemische Untersuchungen heimischer Torfbildner — ein Beitrag zur Kenntnis der Umwandlung von Pflanzenstoffen unter natürlichen und künstlichen Bedingungen. — Diss., Rostock 1967.

Bergius, F.: Die Anwendung hoher Drücke bei chemischen Vorgängen und eine Nachbildung des Entstehungsprozesses der Steinkohle. — Knapp-Verlag, Halle 1913.

Bokhoven, C., & H. J. Theeuwen: Nature, 211, 5052, S. 927 (1966).

Compston, W.: Geochim. et Cosmochim. Acta, 18, S. 1 (1960).

Craig, H.: Geochim. et Cosmochim. Acta, 3, S. 53 (1953).

Fischer, W., I. Maass & E. Sontag: Z. angew. Geol., 16, 3, S. 126, Berlin 1970.

Fischer, W., I. Maass & M. Suess: Z. angew. Geol., 14, 4, S. 182, Berlin 1968.

Geissler, C., & I. Maass: Isotopenpraxis, 4, 7, S. 280 (1968).

Haberlandt, R.: Privatmitt. Arbeitsstelle für statistische Physik der dt. Akad. Wiss. Berlin.

Jeffery, P. M., W. Compston, D. Greenhalgh & J. de Laeter: Geochim. et Cosmochim. Acta, 7, S. 255 (1955).

Leibnitz, E.: Die Entstehung der fossilen Brennstoffe aus der Sicht des Chemikers. — Dt. Akad. Wiss. Berlin, Vorträge und Schriften, H. 88, Akademie-Verlag, Berlin 1964.

Park, R., & S. Epstein: Plant Physiol., 36, 2, S. 133 (1961).

Silverman, S. R., & S. Epstein: Bull. Amer. Assoc. of Petroleum Geologists, 42, 5, S. 998 (1958).

Wickman, F. E.: Geochim. et Cosmochim. Acta, 2, S. 243 (1952).
— Geochim. et Cosmochim. Acta, 3, S. 244 (1953).

Über ein einfaches Verfahren zur Klassifizierung geologischer Objekte

Günther Schwab, Berlin

(Mitteilung Nr. 142 aus dem Zentralinstitut Physik der Erde)

I. Problemstellung

Bei der Verarbeitung bzw. Aufbereitung geologischer Datenmengen werden in zunehmendem Maße statistische Klassifizierungsmethoden eingesetzt (vgl. hierzu Rodionow 1968, Schmidt 1969, Thiergärtner & Böttcher 1970). Die zuletzt genannten Autoren beschreiben die Klassifizierung geologischer Objekte (geologischer Körper i. w. S.) als die Zerlegung einer Menge von Objekten in zwei oder mehrere Klassen (Teilmengen, Gruppen) auf der Basis einer bestimmten Anzahl (k) von Merkmalen bzw. Eigenschaften. Die ein Objekt charakterisierenden Merkmalswerte liefern einen k-dimensionalen Vektor $t = (t_1, t_2, t_3 \cdots t_k)$ der Merkmale h_i ($i = 1, 2, \cdots k$) (vgl. hierzu Tab. 1).

Eine Klassifizierung geologischer Objekte ist nach Thiergärtner & Böttcher auf zwei Wegen möglich:

Tab. 1. Merkmalsvektoren zu klassifizierender Objekte (Schema)

Merkmal:	a	b	c	d	e
h_i:	1	2	3	4	5
Objekte	Merkmalsvektoren				
	t_1	t_2	t_3	t_4	t_5
I	1	1	0	0	1
II	0	1	1	1	0
usw.					

1 = Merkmal vorhanden $k = 5$
0 = Merkmal fehlt

Eingang des Manuskripts in der Redaktion: 29. 7. 1970.

1. durch Verdichten der Klassifizierungsmerkmale mit Hilfe einfacher statistischer Verfahren, wie der Bildung von Summen, Differenzen, Quotienten und Faktoren bzw. von Kennwerten zur Charakterisierung von Teilmengen;

2. durch Vergleich der Einzelmerkmale mit Hilfe mehrdimensionaler statistischer Verfahren, wie der von Thiergärtner & Böttcher angewendeten Diskriminanzanalyse.

Im folgenden wird ein Verfahren beschrieben, Kennwerte zu berechnen, die unter Einbeziehung einer beliebig großen Anzahl von Merkmalen erlauben, eine Rangfolge der zu klassifizierenden Objekte aufzustellen. Die Ableitung einer solchen Rangfolge ist insbesondere dann nützlich, wenn mehrere Merkmale zur Gruppierung von Teilmengen herangezogen werden müssen. Das gilt nicht zuletzt auch für die Klassifizierung mit Hilfe qualitativer Merkmale, wie sie in der Geologie z. B. häufig bei der Beschreibung von Schichten oder bei der Klassifizierung von Lagerstätten anfallen.

II. Berechnung von Kennwerten zur Klassifizierung geologischer Objekte

Merkmalsvektoren, wie sie in Tab. 1 dargestellt wurden, können nach einer von Krumbein & Libby (1957) zur Kennzeichnung der vertikalen Variabilität lithologischer Merkmale angegebenen Methode (vgl. hierzu Gindorf 1965) durch zwei statistische Momente beschrieben werden:

1. durch die Bestimmung des Schwerpunkts des Merkmalsvektors, d. h. eines zur Klasse der arithmetischen Mittel gehörenden Mittelwerts (vgl. hierzu Marsal 1967);

2. durch die Verteilung der Einzelmerkmale im Bereich um den Schwerpunkt, beschrieben durch die Standardabweichung.

KRUMBEIN & LIBBY geben hierfür folgende, für die Berechnung der Standardabweichung vereinfachte Rechenvorschriften an:

$$\text{Schwerpunkt} \quad D = \frac{\sum\limits_{i=1}^{k} h_i t_i}{\sum\limits_{i=1}^{k} t_i} = \frac{B}{A} \tag{1}$$

$$t = (t_1, t_2 \cdots t_k)$$

Standardabweichung

$$E = \sqrt{\frac{C - \frac{B^2}{A}}{A}}$$

wobei

$$C = \sum_{i=1}^{k} h_i^2 t_i \tag{2}$$

Die Anwendung dieser Rechenvorschriften auf Merkmalsvektoren schließt die Voraussetzung ein, daß die Merkmale h_i um so höher bewertet werden, je größer i ist. Die Werte für h_i stellen entsprechend Rangzahlen dar, wobei $i = 1$ keine Bedingung ist, sondern i auch die Größe $\triangleq 1$ annehmen kann. Die Verwendung von $i \triangleq 1$ ist jedoch aus Rechengründen unzweckmäßig.

Der Charakter der h_i als Rangzahlen ist bei der Anordnung der Merkmale zu einer bestimmten Reihenfolge zu beachten, was auch bedeutet, daß die Merkmale untereinander nicht austauschbar sind. Die Beispiele in Tab. 2 veranschaulichen diese Bedingungen.

Tab. 2. Beispiele für die Berechnung von Schwerpunkt und Standardabweichung der Merkmalsvektoren

1. Beispiel: Klassifizierung geologischer Körper nach meßbaren Parametern

Merkmal: h_i:	0–5 1	6–10 2	11–15 3	16–20 4	Einheiten	
Objekte	Merkmalsvektoren				Schwerpunkt D	Standardabw. E
I usw.	1	0	0	1	2,5	1,5

2. Beispiel: Klassifizierung geologischer Körper nach Gesteinstypen (geordnet nach stofflichen Gesichtspunkten)

Merkmal: h_i:	Kalkstein 1	Dolomit 2	Anhydrit 3	Steinsalz 4		
Objekte	Merkmalsvektoren				D	E
I usw.	1	1	0	1	2,3	1,32

3. Beispiel: Klassifizierung geologischer Körper nach Gesteinstypen (geordnet nach ihrer Korngröße)

Merkmal: h_i:	Konglomerat 1	Sandstein 2	Schluffstein 3	Tonstein 4		
Objekte:	Merkmalsvektoren				D	E
I usw.	1	1	1	1	2,5	1,12

Tabelle 3

1. Berechnung von Kennwerten; $h_i = 1$, nicht bei allen Objekten besetzt

Merkmal:	a	b	c	d					
h_i:	1	2	3	4					
Objekt	Merkmalsvektoren; $k = 4$				A	D	E	$E+D$	$(E+D)A$
I	1	1	0	0	2	1,5	0,5	2,0	4,00
II	1	0	1	0	2	2,0	1,0	3,0	6,00
III	0	1	1	0	2	2,5	0,5	3,0	6,00
IV	1	0	0	1	2	2,5	1,5	4,0	8,00
V	0	1	0	1	2	3,0	1,0	4,0	8,00
VI	1	0	1	1	3	2,7	1,53	4,23	12,69
VII	0	1	1	1	3	3,0	0,82	3,82	11,46

2. Bildung von Kennwerten; $h_i = 1$ — nicht definiertes Merkmal; d. h., $h_i = 1$, bei allen Objekten besetzt

Merkmal:	n. def.	a	b	c	d					
h_i:	1	2	3	4	5					
Objekt	Merkmalsvektoren; $k = 5$					$A-1$	D	E	$E+D$	$(E+D)(A-1)$
I	1	1	1	0	0	2	2,0	0,82	2,82	5,64
II	1	1	0	1	0	2	2,3	1,32	3,62	7,24
III	1	0	1	1	0	2	2,7	1,53	4,23	8,26
IV	1	1	0	0	1	2	2,7	1,73	4,43	8,86
V	1	0	1	0	1	2	3,0	1,63	4,63	9,26
VI	1	1	0	1	1	3	3,0	1,58	4,58	13,74
VII	1	0	1	1	1	3	3,25	1,48	4,73	14,19

Die errechneten Werte von Schwerpunkt und Standardabweichung werden zu einem Kennwert kombiniert, indem ihre Summe mit der Summe der Merkmale des Merkmalsvektors multipliziert wird:

$$(D + E) \sum_{i=1}^{k} t_i = (D + E)\, A \tag{3}$$

Das Produkt (3) liefert jedoch nur dann einen Kennwert, der als Maßzahl eine Rangfolge der zu klassifizierenden Objekte angibt, wenn die Dimension k des Vektors eindeutig bestimmt ist, d. h., wenn das erste Merkmal des Vektors ($h_i = 1$) besetzt ist. Ein Merkmalsvektor darf daher nicht mit Null beginnen. Für die Berechnung der Kennwerte aus Merkmalsvektoren ist es notwendig, als erstes Merkmal der Merkmalsfolge eine nicht definierte Eigenschaft einzusetzen, um alle auftretenden Merkmalsfolgen berücksichtigen zu können (vgl. Tab. 3). Bei der Bildung des Produkts (3) kann das nichtdefinierte Merkmal vernachlässigt werden, da es bei allen Objekten auftritt, so daß sich der Kennwert dann aus

$$(D + E)\,(A - 1) \tag{3a}$$

ergibt.

In Tab. 3 sind zwei Beispiele für die Errechnung der Kennwerte mit und ohne Berücksichtigung der Bedingung „$h_i = 1$ besetzt" einander gegenübergestellt, um zu verdeutlichen, daß nur Merkmalsvektoren mit „$h_i = 1$ besetzt" eine Rangfolge der Objekte widerspiegeln.

Soll für eine Klassifizierung neben der im Merkmalsvektor dargestellten Merkmalsfolge auch die Größe der Merkmale herangezogen werden, so müssen die Beträge in einer besonderen Merkmalsfolge dargestellt werden. (Ein Beispiel wird in Abschnitt III. beschrieben.)

Tab. 4. Berechnung von Kennwerten. Zusammenfassung des Rechnungsgangs

h_i: 1 2 3 4	$\sum_{i=1}^{k} t_i = A$	$\sum_{i=1}^{k} h_i t_i = B$	B^2	$\sum_{i=1}^{k} h_i^2 t_i = C$	$\frac{B}{A} = D$	$\frac{B^2}{A}$	$C - \frac{B^2}{A}$
t_i: 1 1 0 1	3	7	49	21	2,3	16,3	4,7
	$\frac{C - \frac{B^2}{A}}{A}$	$\sqrt{\frac{C - \frac{B^2}{A}}{A}} = E$		$D + E$	$(D + E)(A - 1)$		
	1,6	1,3		3,6	7,2		
h_i: 1 2 3 4	$\frac{\sum_{i=1}^{k} h_i' h_i}{B} = F$	$(D + E)(A - 1)\,F$					
h_i': 1 3 0 2	$\frac{15}{7} = 2,14$	15,41					

$(D + E)(A - 1)$ = Kennwert des Merkmalsvektors

$(D + E)(A - 1)\,F$ = Kennwert, gewichtet, des Merkmalsvektors bei absoluten Beträgen der Merkmale

Merkmal: h_i:	a 1	b 2	c 3	d 4	a 1	b 2	c 3	d 4
Objekt	absoluter Betrag der Merkmale h_i				Merkmalsvektoren			
I	1	3	1,5	0	1	1	1	0
II	1	1,5	2,0	3,3	1	1	1	1
usw.								

In diesem Fall reicht für die Bestimmung eines Kennwerts die Berechnung von Schwerpunkt und Standardabweichung des Merkmalsvektors allein nicht aus, sondern diese Werte müssen mit den Absolutbeträgen der Merkmale gewichtet werden, damit die errechneten Kennwerte die geforderte Eigenschaft besitzen, eine Rangfolge der untersuchten Objekte anzugeben.

Als Wichtung erwies sich z. B. folgender Weg als geeignet: Der aus dem Merkmalsvektor bestimmte Kennwert $(D + E)(A - 1)$ wird mit einem Faktor (F) multipliziert, der z. B. aus dem Quotienten

$$F = \frac{\sum_{i=1}^{k} h_i' t_i}{\sum_{i=1}^{k} h_i t_i} = \frac{\mathrm{W}}{\mathrm{A}} \tag{4}$$

gebildet wird. Der gewichtete Kennwert $(Kw_{\text{gew.}})$ ergibt sich dann aus

$$Kw_{\text{gew.}} = (D + E)(A - 1)\,F \tag{5}$$

Die auf diese Weise gewichteten Kennwerte bestimmen ebenso wie die Kennwerte für die Merkmalsvektoren als Maßzahl den Rang, den ein Objekt in der Gesamtmenge einnimmt. Bei der Interpretation der Kennwerte ist jedoch zu beachten, daß gleiche Kennwerte für verschiedene Merkmalskombinationen auftreten können, da Merkmale mit hohen Absolutbeträgen, aber kleinem h_i etwa gleich gewichtet werden wie Merkmale mit großem h_i, deren Absolutbeträge jedoch gering sind. Für eine Interpretation der Kennwerte ist es daher notwendig, die errechneten Kennwerte mit den Absolutbeträgen der Merkmale zu vergleichen (vgl. hierzu Abschnitt IV.).

Der beschriebene Rechengang ist in Tab. 4 zusammenfassend dargestellt. Ein Rechenprogramm wurde von Dipl. Geophys. GOTTSCHILD (ORZ des Zentralen Geologischen Instituts) geschrieben. Die gewichteten Kennwerte können in diesem Programm mittels vier verschiedener Faktoren: $\mathrm{F_1} = \frac{\mathrm{W}}{\mathrm{A}}$; $\mathrm{F_2} = \frac{\mathrm{W}}{\mathrm{B-1}}$; $\mathrm{F_3} = \frac{\mathrm{W}}{\mathrm{A-1}}$; $\mathrm{F_4} = \frac{\mathrm{W-1}}{\mathrm{A-1}}$ gerechnet werden, um wegen der im letzten Absatz gemachten Einschränkung den zur Festlegung einer Rangfolge geeignetsten Faktor auswählen zu können.

III. Beispiel für die Berechnung von Kennwerten

Als Anwendungsbeispiel für die beschriebene Methode werden Kennwerte berechnet, mit deren Hilfe die Meßtischblätter eines Gebiets nach der Häufigkeit klassifiziert werden, mit der die stratigraphischen Abteilun-

Tab. 5. Erbohrung der geologischen Schichtenfolge, bezogen auf Meßtischblätter

Merkmal: h_i:		n. def. 1	K 2 2	K 1 3	J 3 4	J 2 5	J 1 6	T 3 7	T 2 8	T 1 9	P 2 10	1 2 3 4 5 6 7 8 9 10
Meßtischblätter	n	Häufigkeit der durchbohrten / erreichten stratigraphischen Abteilungen										Merkmalsvektor
I	3	1	3	2	1	1	1	1	1	0	0	1 1 1 1 1 1 1 1 0 0
II	3	1	3	2	2	2	2	2	2	2	3	1 1 1 1 1 1 1 1 1 1
III	3	1	1	1	1	1	3	3	3	2	3	1 1 1 1 1 1 1 1 1 1

n = Anzahl der Tiefbohrungen

Tab. 6. Verbreitung der stratigraphischen Abteilungen

Merkmal: h_i:	1	$K\,2$ 2	$K\,1$ 3	$J\,3$ 4	$J\,2$ 5	$J\,1$ 6	$T\,3$ 7	$T\,2$ 8	$T\,1$ 9	$P\,2$ 10	1 2 3 4 5 6 7 8 9 10
Meßtischblätter	Verbreitung der stratigraphischen Abteilungen auf Mbl.										Merkmalsvektor
I	1	1	1	1	1	1	1	1	1	1	1 1 1 1 1 1 1 1 1 1
II	1	1	1	1	1	1	1	1	1	1	1 1 1 1 1 1 1 1 1 1
III	1	0,5	0,5	0,5	0,5	1	1	1	1	1	1 1 1 1 1 1 1 1 1 1

1 = 100%

gen von der Oberkreide bis einschließlich Zechstein erbohrt wurden. Eine solche Klassifizierung erlaubt einen ersten Überblick über den Aufschlußgrad der Schichtenfolge des Gesamtgebiets und seiner Teilbereiche, der Meßtischblätter, als der zu klassifizierenden Objekte. Als Klassifizierungsmerkmale wurde das Vorkommen der stratigraphischen Abteilungen Ober- und Unterkreide, Malm, Dogger, Lias, Keuper, Muschelkalk, Buntsandstein und Zechstein in den Bohrungen der Meßtischblätter verwendet, indem sie entsprechend ihrer Altersfolge zu Merkmalsvektoren zusammengestellt wurden. Die absolute Größe der Merkmale „stratigraphische Abteilungen" wurde durch die Häufigkeit ausgedrückt, mit der die Bohrungen eines Meßtischblatts die genannten Abteilungen durchteuften bzw. erreichten. In Tab. 5 sind die für die Errechnung der Kennwerte notwendigen Daten für beispielsweise drei Meßtischblätter zusammengestellt.

Die aus diesen Merkmalen gewonnenen „Meßtischblattkennwerte" sind jedoch erst dann vergleichbar, wenn sie auch die geologischen Verhältnisse im Bereich der einzelnen Meßtischblätter berücksichtigen. Es wurde daher ein zusätzlicher Kennwert, der die Vollständigkeit der geologischen Schichtenfolge im Bereich der Meßtischblätter ausdrückt, bestimmt. Mit diesem im folgenden als „Geologiekennwert" bezeichneten Wert werden die aus Tab. 5 resultierenden Meßtischblattkennwerte korrigiert. Die Geologiekennwerte werden ebenfalls auf die im Abschnitt II. beschriebene Weise berechnet. Hierzu wurden die flächenmäßige Verbreitung der stratigraphischen Abteilungen auf den Meßtischblättern mit Hilfe von Verbreitungskarten (z. B. abgedeckten Karten) nach Flächenanteilen von 25% grob abgeschätzt und die Meßtischblätter nach den Flächenanteilen der stratigraphischen Abteilungen am geologischen Aufbau eines Meßtischblatts klassifiziert (Tab. 6). Unberücksichtigt blieben hierbei lokale Anomalien der Schichtenfolge, z. B. im Bereich von Lokalstrukturen.

Für die Beispiele in Tab. 6 wurden folgende Geologiekennwerte Kw_G errechnet: Meßtischblätter I und II: 75,35; Meßtischblatt III: 65,78. Die Korrektur der Meßtischblattkennwerte Kw_M erfolgte mit Hilfe der Beziehung

$$Kw_M : Kw_G = Kw_K : 75{,}35 \qquad Kw_K = \frac{Kw_M}{Kw_G} \cdot 75{,}35 \tag{6}$$

Kw_K — korrigierter Meßtischblattkennwert.

Die Zahl 75,35 entspricht dem Geologiekennwert für eine vollständig vorhandene geologische Schichtenfolge, d. h., für $Kw_G = 75{,}35$ gilt $Kw_K = Kw_M$; für $Kw_G < 75{,}35$ entsprechend $Kw_K > Kw_M$, d. h., bei reduzierter Schichtenfolge ist der korrigierte Meßtischblattkennwert größer als der ursprüngliche Kennwert. Für die Beispiele in Tab. 5 wurden die Kennwerte der Tab. 7 berechnet.

Die Tab. 7 enthält außer den drei Kennwerten eine Anzahl von Verhältniszahlen, die aus den Kennwerten und der Anzahl der auf den Meßtischblättern niedergebrachten Bohrungen abgeleitet wurden und die für eine Interpretation der Kennwerte herangezogen werden müssen.

In Abb. 1a—g sind die für ein Teilgebiet der DDR errechneten Kennwerte bzw. die errechneten Verhältnisgrößen dargestellt.

Tab. 7. Kennwerte für die erbohrte geologische Schichtenfolge, bezogen auf Meßtischblätter (Merkmalsfolge und Merkmalsvektor vgl. Tab. 5)

Meßtischblatt	n	Kw_M	Kw_G	Kw_K	$\frac{Kw_M}{Kw_G}$	$\frac{Kw_K}{Kw_G \cdot n}$	$\frac{Kw_K \cdot 100}{Kw_G \cdot n}$ %
I	3	56,56	75,35	56,56	0,75	0,25	25,0
II	3	165,77	75,35	165,77	2,20	0,733	73,3
III	3	172,55	65,78	197,64	2,62	0,786	78,6

n = Anzahl der abgeteuften Bohrungen,
Kw_M = Meßtischblattkennwert,
Kw_G = Geologiekennwert,
Kw_K = korrigierter Meßtischblattkennwert.

Tab. 8. Vergleich der mittleren Häufigkeit aller durchbohrten stratigraphischen Einheiten mit den errechneten Kennwerten (mittlere Häufigkeit in % der maximal erreichbaren Häufigkeit)

Meßtischblatt	n	Häufigkeit der erbohrten stratigraphischen Abteilungen $K2$	$K1$	$J3$	$J2$	$J1$	$T3$	$T2$	$T1$	$P2$	Mittlere Häufigkeit %	$\frac{Kw_K \cdot 100}{Kw_G \cdot n}$ %
I	3	3	2	1	1	1	1	1	0	0	37	21
II	3	3	2	2	2	2	2	2	2	3	74	56
III	3	1(2)	1(2)	1(2)	1(2)	3	3	3	3	3	85	77

Klammerwerte: Häufigkeit unter Voraussetzung einer vollständig vorhandenen geologischen Schichtenfolge (vgl. Tab. 5)

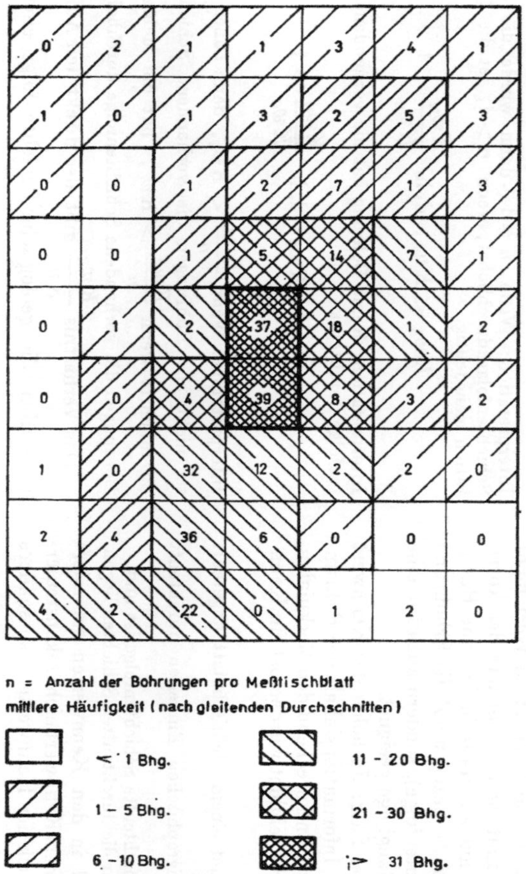

Abb. 1a. Verteilung der Bohrungen im Testgebiet
Zahlenangaben: Anzahl der Bohrungen pro Meßtischblatt (n).
Schraffur: mittlere Häufigkeit der Bohrungen (nach gleitendem Durchschnitt) pro Meßtischblatt

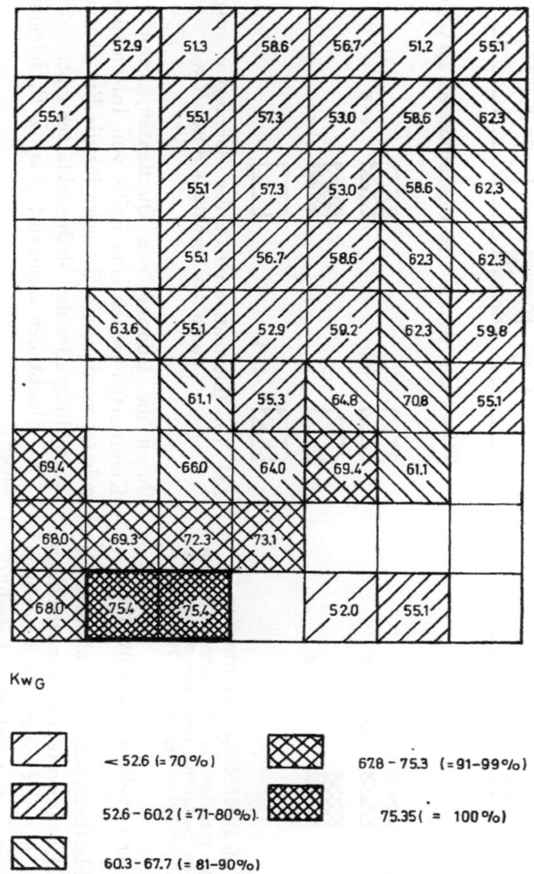

Abb. 1b. Vollständigkeit der Schichtenfolge, ausgedrückt durch Geologiekennwerte Kw_G (75,35 = 100%)

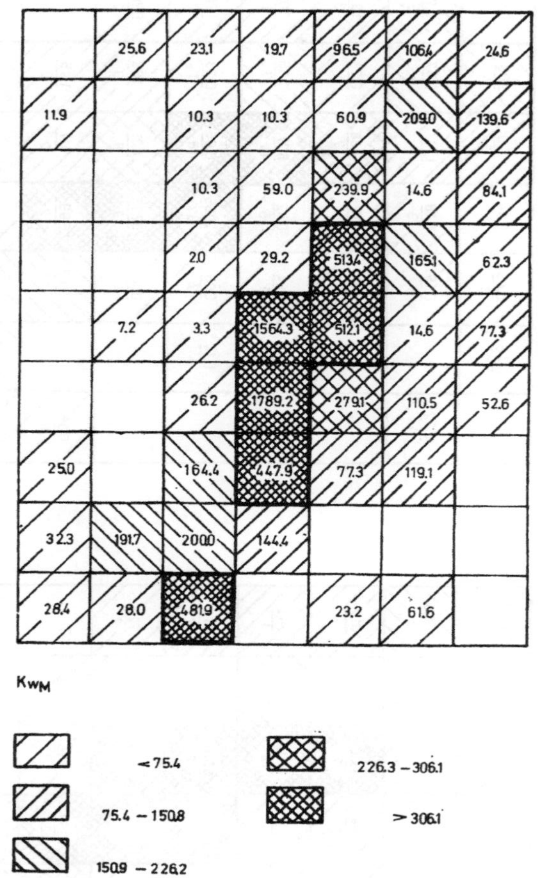

Abb. 1c. Meßtischblattkennwerte Kw_M
Die Schraffur gibt das Verhältnis zum Geologiekennwert Kw_G für eine vollständige Schichtenfolge (Kw_G = 75,35) an.

Abb. 1a–g. Klassifizierung von Meßtischblättern nach der Häufigkeit, mit der die stratigraphischen Abteilungen von Oberkreide bis Zechstein erbohrt wurden

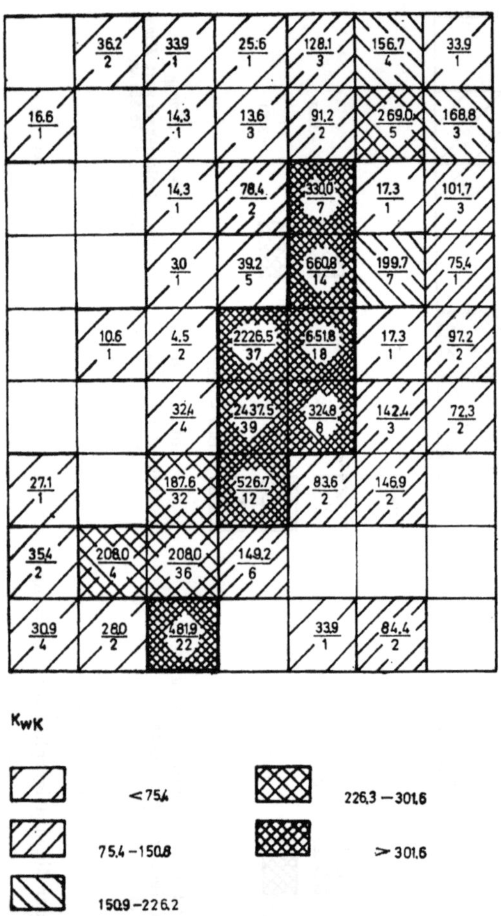

Abb. 1 d. Korrigierte Meßtischblattkennwerte Kw_K

Untere Zahlenreihe: Anzahl der Bohrungen pro Meßtischblatt (n). Die Schraffur gibt das Verhältnis des korrigierten Kennwerts zum Geologiekennwert für eine vollständige Schichtenfolge (Kw_G = 75,35) an.

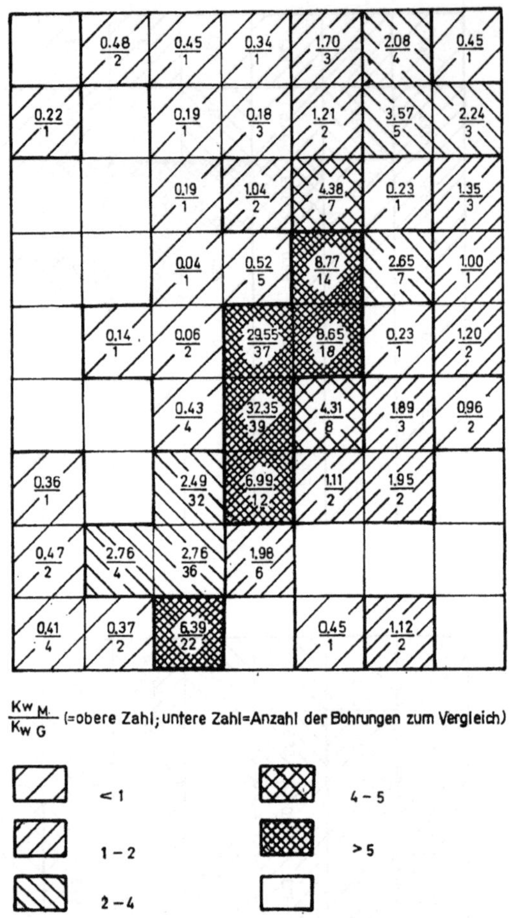

Abb. 1 e. Informationsinhalt der Bohrungen, ausgedrückt durch das Verhältnis $Kw_M : Kw_G$

IV. Zur Interpretation der errechneten Kennwerte

Sowohl die Meßtischblattkennwerte Kw_M als auch die korrigierten Meßtischblattkennwerte Kw_K kennzeichnen den Informationsinhalt der auf einem Meßtischblatt abgeteuften Bohrungen in bezug auf den Aufschlußgrad der durchbohrten Schichtenfolge, wobei in den korrigierten Wert die tatsächlich vorhandene Schichtenfolge eingeht, die durch den unkorrigierten Wert nicht berücksichtigt wird. Damit ist insbesondere der korrigierte Kennwert nicht nur als Maßzahl für eine Rangfolge des Erkundungsgrads (bezogen auf die Erbohrung der geologischen Schichtenfolge), sondern auch für eine Interpretation dieser Rangfolge geeignet.

Grundsätzlich gilt der Satz: Je höher der Kennwert ist, desto höher ist der Informationsinhalt der Bohrungen eines Meßtischblatts. Entsprechend den Merkmalen, aus denen die Kennwerte gebildet wurden, ist ein Kennwert um so größer,

je mehr Bohrungen auf einem Meßtischblatt abgeteuft werden;
je häufiger die stratigraphischen Einheiten durchteuft werden;
je vollständiger die durchteufte Schichtenfolge ist und
je stratigraphisch tiefer die durchteuften Schichten liegen.

Diese Angaben sind in den Kennwerten summiert und im einzelnen aus einem Kennwert nicht rekonstruierbar. Durch den Vergleich der Kennwerte, insbesondere durch die Bildung von Quotienten, kann aus den Kennwerten jedoch eine Reihe von Informationen abgeleitet werden, die Hinweise für die Einschätzung des Aufschlußgrades der Meßtischblätter gibt.

So erlaubt der Kennwert Kw_K z. B. folgende Aussagen:

$$Kw_K = Kw_G; \text{ d. h. } \frac{Kw_M}{Kw_G} = 1$$

Interpretation: Wenn $n = 1$, dann wurde die gesamte Schichtenfolge durchbohrt; wenn $n > 1$, ist die Interpretation mehrdeutig.

$$Kw_K < Kw_G; \text{ d. h. } \frac{Kw_M}{Kw_G} < 1$$

Interpretation: Keine Bohrung hat die vorhandene Schichtenfolge durchteuft.

$$Kw_K > Kw_G; \text{ d. h. } \frac{Kw_M}{Kw_G} > 1$$

Interpretation: Wenn $\frac{Kw_K}{n} < Kw_G$, dann haben im Mittel nicht alle Bohrungen die vorhandene Schichtenfolge durchbohrt; wenn $\frac{Kw_K}{n} > Kw_G$, hat die Mehrzahl der Bohrungen die vorhandene Schichtenfolge durchbohrt.

Das Verhältnis $\frac{Kw_K}{Kw_G}$ gibt also direkt den Aufschlußgrad über die geologische Schichtenfolge eines Meßtischblatts, der durch die abgeteuften Bohrungen erzielt wurde, an:

$\frac{Kw_K}{Kw_G} < 1$: die vorhandene Schichtenfolge ist durch die abgeteuften Bohrungen nicht aufgeschlossen worden;

$\frac{Kw_K}{Kw_G} = 1$: die vorhandene Schichtenfolge ist von einer Bohrung bzw. anteilig von mehreren Bohrungen aufgeschlossen worden;

$\frac{Kw_K}{Kw_G} > 1$: die vorhandene Schichtenfolge ist mehrfach anteilig oder vollständig aufgeschlossen worden.

Der Quotient $\frac{Kw_K}{Kw_G}$ erlaubt ferner auch eine Einschätzung des mittleren Informationsgehalts der auf einem Meßtischblatt abgeteuften Bohrungen. So haben die Bohrungen auf den Meßtischblättern I, II, III einen mittleren Informationsgehalt von $\frac{Kw_K \cdot 100}{Kw_G \cdot n} = 20{,}8$; 56,3; 77,4%, bezogen auf die Schichtenfolge der Meßtischblätter als höchste erreichbare Information. Diese Werte weichen von einer einfachen Mittelwertbildung (Tab. 8) ab, da sie den Rang, den die durchteuften stratigraphischen Abteilungen in der geologischen Schichtenfolge einnehmen, berücksichtigen.

In den Abb. 1a–g sind die beschriebenen Beziehungen an einem Testgebiet von 63 Meßtischblättern dargestellt. Abb. 1a gibt die Verteilung der Bohrungen (Anzahl pro Meßtischblatt) wieder. Die schraffierten Felder fassen Gebiete gleicher mittlerer Häufigkeit zusammen, die durch gleitende Mittelwertbildung über jeweils 9 Meßtischblätter ermittelt wurden. Die Anzahl der Bohrungen schwankt zwischen 1 und 39 pro Meßtischblatt; auf 16 Blättern fehlen Bohrungen überhaupt. Die am dichtesten abgebohrten Gebiete sind auf den mittleren Teil konzentriert.

In Abb. 1b wurden die errechneten Geologiekennwerte (Kw_G) eingetragen. Die vollständigste Schichtenfolge liegt im Südwestteil des Testgebiets vor. In Abb. 1c und d sind die Meßtischblattkennwerte (Kw_M bzw. Kw_K) zusammengestellt. Der aus ihnen ableitbare Informationsinhalt der Bohrungen ist in Abb. 1e und 1f veranschaulicht. Der Quotient $\frac{Kw_M}{Kw_G}$ in Abb. 1e kann sowohl als Maßzahl für den Informationsinhalt aller auf einem Meßtischblatt abgeteuften Bohrungen als auch als Maßzahl für den Grad der Erschließung der geologischen Schichtenfolge durch diese

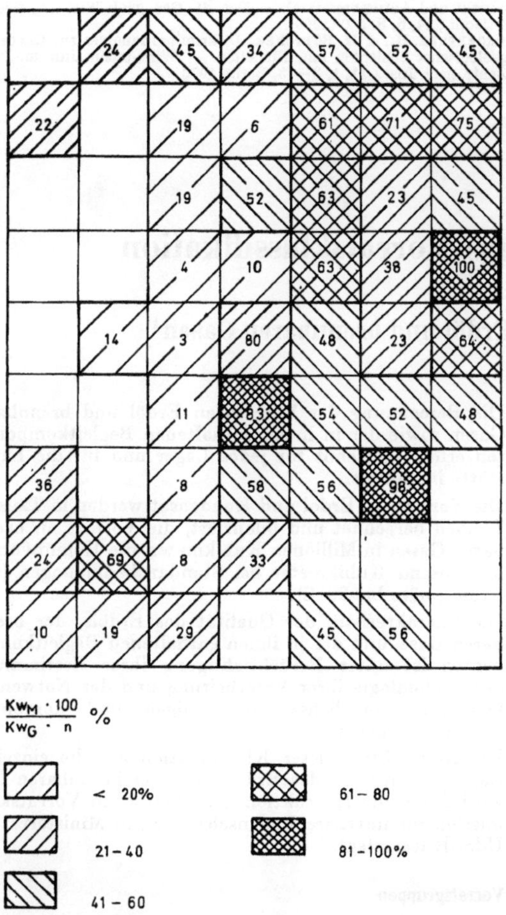

Abb. 1f. Mittlerer Informationsinhalt einer Bohrung in bezug auf die durchbohrte Schichtenfolge

Dargestellt ist das Verhältnis $\frac{Kw_M \cdot 100}{Kw_G \cdot n}$ %, d. h. der prozentuale Anteil der maximal erreichbaren Information.

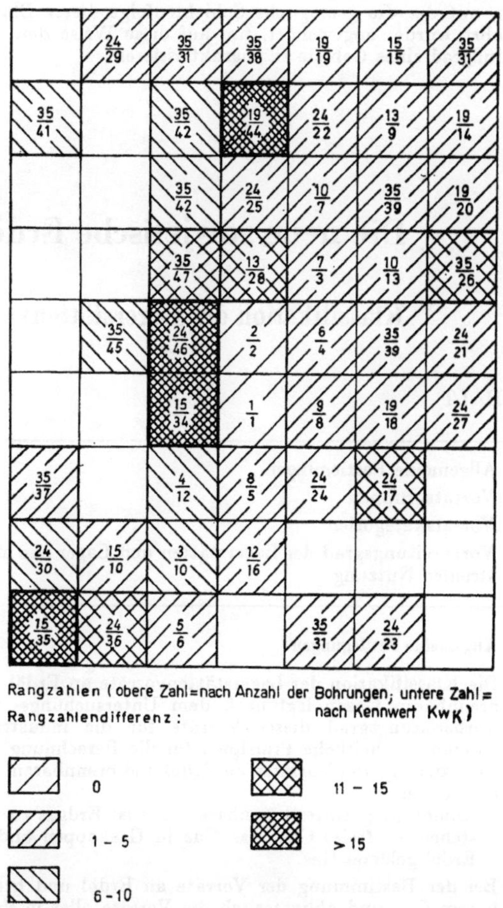

Abb. 1g. Rangfolge der Meßtischblätter, nach Anzahl der Bohrungen pro Meßtischblatt (n) (obere Zeile) bzw. nach korrigierten Meßtischblattkennwerten (Kw_K) (untere Zeile)

Schraffur: Differenz der Rangzahlen

Bohrungen angesehen werden. In Abb. 1f ist der mittlere Informationsinhalt einer Bohrung (in Prozent der maximal erreichbaren Informationen) dargestellt. In Abb. 1g schließlich werden die Rangfolgen verglichen, die sich unter bloßer Berücksichtigung der Anzahl der Bohrungen (n) bzw. unter Heranziehung der Meßtischblattkennwerte ergeben. Die Rangzahlen in beiden Rangfolgen weichen zwischen 0 und 25 Punkten, im Mittel um 5,5 Punkte, voneinander ab.

Vergleicht man die Darstellungen in Abb. 1, so läßt sich unschwer ablesen, in welchem Maße die Kennwerte für die Häufigkeit, mit der die Abteilungen der geologischen Schichtenfolge erbohrt wurden, eine differenziertere Rangfolge der Meßtischblätter ergeben als die einfache Häufigkeitsverteilung der Bohrungen. Auf die hieraus ableitbaren Möglichkeiten zur Bildung von Klassen soll nicht näher eingegangen werden; sie wird weitgehend durch die Zielsetzung der Klassifizierung bestimmt.

Zusammenfassung

Es wird ein Verfahren zur Klassifizierung geologischer Objekte beschrieben, das auf der Ermittlung von Kennwerten beruht, die aus den die Objekte charakterisierenden Merkmalsvektoren berechnet werden. Das Verfahren wird auf die Klassifizierung von Meßtischblättern nach der Häufigkeit, mit der die geologische Schichtenfolge dieser Blätter erbohrt wurde, angewendet, um auf diese Weise den Aufschlußgrad eines Gebiets zu charakterisieren.

Резюме

Описывается способ классификации геологических объектов, основанный на установлении показателей, рассчитанных из характеризующих объекты векторов признаков. Способ применяется для классификации мензуальных планшетов по частоте, с которой была разбурена геологическая толща этих листов; этим характеризуется степень обнажённости района.

Summary

A method for classifying geological objects is described which is based on a determination of characteristic values calculated from vectors of criteria the objects are judged by. The method is applied to the classification of large-scale maps in conformity with the abundance by which the geological series of strata of these maps was found by boring, in order to characterize in this way the degree of geological information of an area.

Literatur

GINDORF, L.: Überblick über die modernen Methoden zur quantitativen Kartierung lithologischer Faziesänderungen. — Z. angew. Geol., 11, 3, 140—146, Berlin 1965.

KRUMBEIN, W. C., & W. G. LIBBY: Application of movements to vertical variability map of stratigraphic units. — Bull. Amer. Ass. Petrol. Geologists, 41, 2, 197—211 (1957).

MARSAL, D.: Statistische Methoden für Erdwissenschaftler. — Verl. Schweizerbart, 152 S., Stuttgart 1967.

RODIONOW, D. A.: Statistische Methoden der Abgrenzung geologischer Objekte nach Merkmalskomplexen. — Verl. Nedra, 158 S., Moskau 1968.

SCHMIDT, K.: Optimale Strategien für geologische Klassifizierungen. In: Autorenkollektiv: Fortschritte auf dem Gebiet der Gewinnung, Speicherung und automatischen Verarbeitung geologischer Daten (Tagungsbericht und Autorenreferate). — Ber. dt. Ges. geol. Wiss., A, Geol. u. Paläont., 14, 5, S. 569 (1969).

THIERGÄRTNER, H., & H. BÖTTCHER: Diskriminanzanalyse zur Gliederung geologischer Schichten und Einheiten. — Wiss.-techn. Inform.-Dienst Zentr. geol. Inst., 11, 1, 3—13, Berlin 1970.

Die neue sowjetische Erdöl-Erdgas-Vorratsklassifikation

Klassifikation der Lagerstättenvorräte an Erdöl und brennbaren Gasen[1])

INHALT

A. Allgemeine Festlegungen
B. Vorratsgruppen
C. Vorratskategorien
D. Vorbereitungsgrad der Lagerstätten und Lager zur industriellen Nutzung

A. Allgemeine Festlegungen

1. Die Klassifikation der Lagerstättenvorräte an Erdöl und brennbaren Gasen legt nach dem Untersuchungs- und Vorbereitungsgrad dieser Vorräte für die industrielle Nutzung einheitliche Prinzipien für die Berechnung und Bilanzierung von Vorräten an Erdöl und brennbarem Gas in situ fest.
   Anmerkung: Unter brennbarem Gas ist Erdgas zu verstehen — freies Gas, das Gas in Gaskappen und im Erdöl gelöstes Gas.
2. Bei der Bestimmung der Vorräte an Erdöl und brennbarem Gas sind obligatorisch die Vorräte aller in ihnen enthaltenen Begleitkomponenten (Kondensat, Helium, Schwefel u. a.) zu berechnen und zu bilanzieren.
3. Die Berechnung der Vorräte an Erdöl und brennbaren Gasen sowie der in ihnen enthaltenen Begleitkomponenten erfolgt getrennt für jedes Lager und für die Lagerstätte insgesamt.
4. Die Vorräte an Erdöl und Kondensat werden in Tausend Tonnen berechnet und bilanziert, die Vorräte an brennbaren Gasen in Millionen Kubikmeter, die Heliumvorräte in Tausend Kubikmeter bei Standardbedingungen (eine Atmosphäre bei 20 °C).
5. Die Charakteristik der Qualität des Erdöls, der brennbaren Gase und der in ihnen enthaltenen Begleitkomponenten ist unter Berücksichtigung ihrer Bestimmung, der Technologie ihrer Verarbeitung und der Notwendigkeit ihrer möglichst vollständigen und komplexen Nutzung zu geben.
6. Die Anwendung dieser Klassifikation auf die einzelnen Lagerstättentypen des Erdöls und der brennbaren Gase wird durch die Instruktion der Staatlichen Vorratskommission für nutzbare Bodenschätze beim Ministerrat der UdSSR festgelegt.

B. Vorratsgruppen

7. Die Vorräte an Erdöl, brennbaren Gasen und der in ihnen enthaltenen Begleitkomponenten werden nach ihrer volkswirtschaftlichen Bedeutung in zwei Gruppen eingeteilt, die getrennt zu berechnen und zu bilanzieren sind:

[1]) Bestätigt durch Beschluß Nr. 322 des Ministerrates der UdSSR vom 13. Mai 1970.

Bilanzvorräte, deren Abbau gegenwärtig ökonomisch zweckmäßig ist, und

Außerbilanzvorräte, deren Abbau gegenwärtig unrentabel ist, die jedoch als Objekt einer zukünftigen industriellen Nutzung betrachtet werden können.

Bei den Bilanzvorräten an Erdöl, dem in ihnen gelösten Gas sowie dem Kondensat im freien Gas werden die ausbringbaren Vorräte gesondert ausgewiesen und bilanziert, d. h. die Vorräte, die bei vollster und rationellster Nutzung der modernen Technik und Technologie ausgebracht werden können.

8. Die Ausbringungskoeffizienten für Erdöl und Kondensat werden von der Staatlichen Vorratskommission für nutzbare Bodenschätze beim Ministerrat der UdSSR auf der Grundlage technisch-ökonomischer Berechnungen festgelegt; denen für Erdöl hat das Ministerium der erdölfördernden Industrie der UdSSR, für Kondensat das Ministerium der Gasindustrie zugestimmt.

C. Vorratskategorien

9. Die Vorräte an Erdöl, brennbaren Gasen und der in ihnen enthaltenen Begleitkomponenten werden nach dem Untersuchungsgrad in vier Kategorien — A, B, C_1, C_2 — eingeteilt, die durch folgende Bedingungen bestimmt werden:

Kategorie A — Vorräte eines Lagers (oder seines Teils), die so detailliert untersucht wurden, daß die Form und Ausmaße des Lagers, die effektive erdöl-erdgasgesättigte Mächtigkeit, der Charakter der Veränderung der Speichereigenschaften und der Erdöl-Erdgassättigung der produktiven Schichten, die qualitative und quantitative Zusammensetzung des Erdöls, der brennbaren Gase und der in ihnen enthaltenen Begleitkomponenten und andere Parameter sowie die wesentlichen Besonderheiten des Lagers, von denen dessen Abbaubedingungen abhängen, vollständig ermittelt wurden — das Arbeitsregime des Lagers, die Produktivität der Sonden, der Druck, die Speicherdurchlässigkeit, die Hydro- und Piezoleitfähigkeit und andere Besonderheiten.

Vorräte der Kategorie A werden im Abbauprozeß des Lagers berechnet.

Kategorie B — Vorräte eines Lagers (oder seines Teils), dessen Erdöl-Erdgasführung auf Grund erhaltener wirtschaftlicher Zuflüsse von Erdöl oder brennbaren Gasen in Sonden mit verschiedenen hypsometrischen Höhen und des Vorliegens günstiger bohrlochgeophysikalischer Daten und Kerne festgestellt wurde. Die Form und die Ausmaße des Lagers, die effektive erdöl-erdgasgesättigte Mächtigkeit, der Charakter der Veränderung der Speichereigenschaften und der Erdöl-Erdgassättigung der produktiven Schichten und andere Parameter sowie die wesentlichen Besonderheiten, welche die Abbaubedingungen der Lagerstätte bestimmen, wurden annähernd erforscht, jedoch in einem Grad, der für die Projektierung des Lagerstättenabbaus ausreicht. Die Zusammensetzung des Erdöls, der brennbaren Gase und der in ihnen enthaltenen Begleitkomponenten wurde unter Schicht- und Oberflächenbedingungen eingehend untersucht.

Bei Erdöllagern wurde eine Probeförderung aus einzelnen Sonden durchgeführt. Bei Gaslagern wurde die Abwesenheit eines Erdölsaums festgestellt bzw. sein industrieller Wert bestimmt.

Kategorie C_1 — Vorräte in Lagern, deren Erdöl-Erdgasführung auf Grund erhaltener industrieller Zuflüsse von Erdöl oder brennbaren Gasen in einzelnen Bohrungen (ein Teil der Sonden kann mit Hilfe von Schichtprüfern getestet worden sein) und durch günstige bohrlochgeophysikalische Daten in einer Reihe anderer Sonden ermittelt wurde, sowie Vorräte eines Teils des Lagers (eines tektonischen Blocks), der an Flächen mit Vorräten höherer Kategorien angrenzt.

Die Lagerungsbedingungen für Erdöl oder brennbare Gase wurden mit für dieses Gebiet bewährten Methoden geologischer und geophysikalischer Untersuchungen bestimmt; die Speichereigenschaften der produktiven Schichten und andere Parameter wurden in einzelnen Sonden untersucht oder analog zum erforschten Teil des Lagers oder zu benachbarten erkundeten Lagerstätten festgelegt.

Kategorie C_2 — Vorräte an Erdöl und brennbaren Gasen, deren Vorhandensein auf Grund günstiger geologischer und geophysikalischer Daten in einzelnen nichterkundeten Feldern, tektonischen Blöcken und Schichten untersuchter Lagerstätten angenommen wird, sowie Vorräte in neuen Strukturen innerhalb bekannter erdöl-erdgashöffiger Bezirke, die mit für den betreffenden Bezirk bewährten Methoden geologischer und geophysikalischer Untersuchungen konturiert wurden.

Außerbilanzvorräte der Kategorie C_2 werden nicht berechnet.

10. Die Vorräte der Begleitkomponenten, die im Erdöl und in den brennbaren Gasen enthalten sind, werden in den Kategorien berechnet und bilanziert, die dem Untersuchungsgrad der Vorräte dieser Komponenten entsprechen.

11. Die Bedingungen für die Einstufung der Vorräte an Erdöl und brennbaren Gasen nach dem Untersuchungsgrad der Vorräte in die Kategorien werden durch die Instruktion der Staatlichen Vorratskommission für nutzbare Bodenschätze beim Ministerrat der UdSSR bestimmt.

12. Außer den Vorräten an Erdöl, brennbaren Gasen und den in ihnen enthaltenen Begleitkomponenten der Kategorien A, B, C_1 und C_2 werden für einzelne Lagerstätten und Flächen zur Einschätzung der potentiellen Möglichkeiten erdöl-erdgashöffiger Provinzen, Gebiete und Bezirke auf der Grundlage allgemeiner geologischer Vorstellungen prognostische Vorräte bestimmt, die vom Ministerium für Geologie der UdSSR gemeinsam mit dem Ministerium für die erdölfördernde Industrie der UdSSR und dem Ministerium für Gasindustrie nach Prüfung anerkannt werden.

D. Vorbereitungsgrad der Lagerstätten und Lager zur industriellen Nutzung

13. Die Bestätigung der Abbauprojekte für Erdöl- und Erdöl-Erdgaslagerstätten und die Bereitstellung von Investitionsmitteln für den Bau von Bohrfeldobjekten und Industrieanlagen müssen auf der Basis von für die Lagerstätte (das Lager) durch die Staatliche Vorratskommission für nutzbare Bodenschätze beim Ministerrat der UdSSR bestätigten Vorräten an Erdöl und brennbaren Gasen der Kategorien B und C_1 erfolgen. Dabei werden für die einzelnen Lagerstättengruppen folgende Vorratsverhältnisse der genannten Kategorien festgelegt:

I. Gruppe: Zu dieser Gruppe gehören Lagerstätten einfachen geologischen Baus, deren produktive Schichten durch aushaltende Mächtigkeit und aushaltende Speichereigenschaften in der Fläche und im Profil charakterisiert werden.

Für Lagerstätten dieser Gruppe müssen in neuen Bezirken nicht weniger als 30% in der Kategorie B erkundet sein, in Bezirken mit entwickelter erdöl-erdgasfördernder Industrie nicht weniger als 20% der Vorräte.

Eine bedeutende Überschreitung der in Kategorie B erkundeten Vorräte, verglichen mit den genannten Limiten, ist ohne ausreichende Begründung unzweckmäßig.

II. Gruppe: Zu dieser gehören Lagerstätten mit kompliziertem geologischem Bau, die durch nichtaushaltende Mächtigkeit und nichtaushaltende Speichereigenschaften der produktiven Schichten (Horizonte) charakterisiert werden.

Für die Lagerstätten dieser Gruppe ist der Nachweis von Vorräten der Kategorie B wegen der hohen Kosten der Erkundungsarbeiten unzweckmäßig. Die

Bestätigung der Projekte und die Bereitstellung von Investitionsmitteln für den Bau von Bohrfeldobjekten und Industrieanlagen sind auf der Basis von Vorräten der Kategorie C_1 zulässig.

Die Abbauprojektierung und die Realisierung der baulichen Einrichtungen der Lagerstätten beider Gruppen können bei Abstimmung mit der Staatlichen Vorratskommission für nutzbare Bodenschätze beim Ministerrat der UdSSR auf der Basis operativ berechneter und vom Ministerium für erdölfördernde Industrie der UdSSR nach Prüfung anerkannter Vorräte durchgeführt werden.

14. Erdöl- und Erdöl-Erdgaslagerstätten mit ausbringbaren Vorräten bis 5 Millionen Tonnen, die in Bezirken mit arbeitenden Erdöl- und Erdgasleitungen sowie Erdölbetrieben liegen, können in Abstimmung mit der Staatlichen Vorratskommission für nutzbare Bodenschätze beim Ministerrat der UdSSR bis zu drei Jahren auf der Basis operativ berechneter Vorräte abgebaut werden bei anschließender Berechnung der Vorräte und ihrer Bestätigung durch die Staatliche Vorratskommission für nutzbare Bodenschätze beim Ministerrat der UdSSR.

15. Bei Erdgaslagerstätten (Lagern) ohne Erdölvorräte mit industrieller Bedeutung:

a) Projektierungs- und Voruntersuchungsarbeiten für den Bau der Bohrfeldobjekte und Industrieanlagen sowie die Anfertigung der Projekte für die industrielle Versuchsförderung und der Abbauprojekte für Lagerstätten (Lager) in neuen Gebieten erfolgen auf der Basis operativ berechneter Gasvorräte in den Kategorien B und C_1 und 50% der Vorräte in Kategorie C_2.

b) Die Bestätigung der Abbauprojekte für Lagerstätten (Lager) und die Bereitstellung von Investitionsmitteln für den Bau von Bohrfeldobjekten und Industrieanlagen erfolgen nur, wenn durch die Staatliche Vorratskommission für nutzbare Bodenschätze beim Ministerrat der UdSSR bestätigte Vorräte der Kategorien B und C_1 vorliegen. Dabei müssen bei Lagerstätten der Gruppe I mit einfachem geologischem Bau und aushaltenden Mächtigkeiten und Speichereigenschaften der produktiven Schichten nicht weniger als 20% der Vorräte in Kategorie B erkundet sein; bei Lagerstätten der Gruppe II mit kompliziertem geologischem Bau und nichtaushaltenden Mächtigkeiten und Speichereigenschaften der produktiven Schichten sind dagegen die Bestätigung der Projekte und die Bereitstellung von Investitionsmitteln für den Bau von Bohrfeldobjekten und Industrieanlagen auf der Basis von Vorräten der Kategorie C_1 zulässig.

c) Der Abbau in Lagerstätten (Lagern), die in Bezirken mit arbeitenden Gasleitungen liegen, kann bis zu drei Jahren auf der Basis operativ berechneter Vorräte erfolgen mit anschließender Berechnung der Vorräte und ihrer Bestätigung in der Staatlichen Vorratskommission für nutzbare Bodenschätze beim Ministerrat der UdSSR.

16. Die Möglichkeit der Projektierung und des Baus von Erdöl- oder Erdgasförderbetrieben wird — wenn auf Lagerstätten der Gruppe I geringere Vorratsmengen der Kategorie B vorhanden sind, als in den Punkten 13 und 15 dieser Klassifikation festgelegt wurde — durch die Staatliche Vorratskommission für nutzbare Bodenschätze beim Ministerrat der UdSSR mit der Vorratsbestätigung bestimmt.

17. Bei mehrschichtigen Lagerstätten, deren Exploitation auf der Basis von durch die Staatliche Vorratskommission für nutzbare Bodenschätze beim Ministerrat der UdSSR bestätigten Erdöl- oder brennbaren Erdgasvorräten erfolgt, können Vorräte in neuentdeckten Zwischenschichten und höher lagernden Schichten (Horizonten) abgebaut werden, wenn sie operativ nach Angaben aus Produktionsbohrungen berechnet wurden und es nicht erforderlich ist, zusätzliche Investitionsmittel großen Umfangs für die Rekonstruktion der Bohrfeldobjekte und für die Industrieanlagen bereitzustellen.

18. Bei in Abbau befindlichen Erdöl- und Erdgaslagerstätten (Lagern) muß die Überführung der Vorräte in höhere Kategorien auf Grund von Bohrangaben und Untersuchungsergebnissen der Produktionssonden erfolgen, in erforderlichen Fällen — nach Bohrangaben zusätzlicher Erkundungsbohrungen.

Methodischer Vorschlag zur Bestimmung von Preisen für geologisch erkundete Vorräte

FRIEDRICH STAMMBERGER, Berlin

1. Einleitende Bemerkung

Die Notwendigkeit und Zweckmäßigkeit einer ökonomischen Bewertung von Lagerstätten mineralischer Rohstoffe muß gegenwärtig anders beurteilt werden als noch vor 8 oder 10 Jahren. Damals wurde ihr Nutzen fast ausschließlich in einer exakteren wertmäßigen Bestimmung dieses Teils des Nationalreichtums gesehen, um so mehr, als Kauf und Verkauf von Lagerstätten — die im Kapitalismus ihre ökonomische Bewertung zwingend gemacht hatten — mit der Überführung der Bodenschätze in Volkseigentum ihre stimulierende Wirkung nicht mehr ausüben konnten.

Die systematische und zielstrebige Gestaltung des ökonomischen Systems des Sozialismus hat uns jedoch im geologischen Bereich und im Bergbau an einige Probleme herangeführt, deren Lösung ohne ökonomische Bewertung der erkundeten, volkswirtschaftlich verfügbaren bzw. genutzten Lagerstätten bzw. ihrer Vorräte unmöglich ist und die effektive Anwendung ökonomischer Systemregelungen sehr erschwert.

In der Vergangenheit war nicht nur unter Geologen die Meinung verbreitet, daß nutzbare Lagerstätten ein Geschenk der Natur seien und als „allgemeiner Arbeitsgegenstand" (MARX) auch keinen Wert hätten. Aus dieser Anschauung ergaben sich einige volkswirtschaftlich negative Folgen:

a) Die Arbeit des geologischen Erkunders, insbesondere deren Effektivität, wurde nach untauglichen Kriterien beurteilt und damit keineswegs im Sinne einer Erhöhung ihrer volkswirtschaftlichen Effektivität beeinflußt.

Eingang des Manuskriptes in der Redaktion: 19. 8. 1970.

b) Erkundete Lagerstätten wurden den Nutzerbereichen vom Staat gewöhnlich unentgeltlich zur Verfügung gestellt; der für die Erkundung notwendige gesellschaftliche Aufwand ging damit nicht in die Kosten-Nutzen-Rechnung der Betriebe ein.

c) Die natürliche Verschiedenheit der übergebenen Lagerstätten und ihr Einfluß auf die Produktivität des Gewinnungsbetriebs blieben bei der Festlegung der einheitlichen Industrieabgabepreise im allgemeinen unbeachtet.

d) Infolge unterschiedlicher Produktivität der Lagerstätten erwirtschaftete verschiedene Mengen Reineinkommen wurden ursächlich nur den Betriebskollektiven ohne Beachtung der natürlichen Lagerstättenunterschiede zugeschrieben. Damit verlor der Betriebsgewinn in hohem Maße seine Fähigkeit, ökonomischer Ausdruck der tatsächlichen Leistung des Betriebskollektivs zu sein. Betriebe des gleichen Bereichs konnten ökonomisch nicht exakt und objektiv miteinander verglichen werden.

Der theoretische Ausgangspunkt für diese Folgen wurde fast gleichzeitig in der UdSSR und DDR einer gründlichen Kritik unterzogen. Angeregt wurde sie durch die tiefere theoretische Durchdringung der ökonomischen Prozesse im Sozialismus, wie sie auf breiter Front von den Wirtschaftswissenschaftlern in Angriff genommen und durchgeführt wurde. Insbesondere wurde in der DDR 1962—1965 darauf verwiesen, daß die Lagerstätte — obwohl ein Produkt geologischer Prozesse und damit der Natur — „allgemeiner Gegenstand menschlicher Arbeit“ und nicht das Produkt menschlicher Arbeit nur so lange ist und nach MARX keinen Wert hat, wie für sie noch keine gesellschaftliche Arbeit für die Suche und Erkundung verausgabt wurde. Diese Richtung der Diskussion ergab sich bei uns dadurch, daß der Hauptanstoß für die theoretische Erörterung des Problems aus den Reihen der Geologen kam. Es ist verständlich, daß sie ihre Probleme bevorzugt in den Vordergrund stellten.

Die 1967—1969 in der Zeitschrift „Woprossi ekonomiki“ in der UdSSR geführte Diskussion bewegte sich vor allem um Fragen wie: „Über den Preis für Naturgaben“, „Über die ökonomische Bewertung natürlicher Ressourcen“ u. ä. Das hat seine Ursache darin, daß im Vordergrund die Probleme der extraktiven Industrie, der Land- und Wasserwirtschaft standen. Von allgemein-theoretischer Bedeutung sind die dabei vertretenen Auffassungen zur Wirkungsweise der Differentialrente in der sozialistischen Wirtschaft.

Nach Meinung des Verfassers handelt es sich bei diesem verschiedenen Herangehen um die entscheidenden Aspekte einer Grundfrage. Es erweist sich als notwendig — unabhängig von den unmittelbar interessierenden Zusammenhängen —, diese beiden entscheidenden Aspekte stets in Verbindung miteinander zu betrachten, auch bei der Lösung des Problems der ökonomischen Bewertung von Lagerstätten.

Diese komplexe Betrachtungsweise schließt nicht aus, daß die Einzelaspekte — falls sich das als zweckmäßig erweisen sollte — zunächst für sich betrachtet und gelöst werden. Allerdings muß sich die gefundene Lösung für den einen Aspekt auch bei der Lösung des anderen bewähren, d. h., sie muß entwicklungsfähig oder anwendbar auch für diesen sein.

Verfasser hat dieses schrittweise Vorgehen bereits 1966 mit Erfolg praktiziert, d. h. die Probleme zunächst aus der Sicht der geologischen Erkundung behandelt und die erhaltenen Ergebnisse für die Anwendung im Nutzerbereich weiterentwickelt. Er verfährt hier in analoger Weise.

2. Die Wert- und Preisbildung für Vorräte in der Erkundung

Bei der Betrachtung der geologischen Suche und Erkundung als Industriezweig erscheint der erkundete Vorrat als ihr Naturalprodukt. (Es ist für ökonomische Betrachtungen vorteilhaft, den Arbeitsgegenstand der Erkundung, die ganze Lagerstätte, auf den Vorrat als deren bestimmendes Element zu reduzieren, weil es so gelingt, die variierende Lagerstättengröße[1]) über die Vorratseinheit auf einen einheitlichen ökonomischen Nenner zu bringen.)

Der durch die Erkundungsarbeit geschaffene Wert wird letztlich durch die gesellschaftlich notwendige Arbeit für die Erkundung des Vorrats bestimmt, wobei zu beachten ist:

„Der Wert jeder Ware — also auch der Ware, woraus das Kapital besteht — ist bedingt, nicht durch die in ihr selbst enthaltene notwendige Arbeitszeit, sondern durch die gesellschaftlich notwendige Arbeitszeit, die zu ihrer Reproduktion erheischt ist. Diese Reproduktion kann erfolgen unter erschwerenden oder unter erleichternden Umständen, verschieden von den Bedingungen der ursprünglichen Produktion.“ (MARX, „Kapital“, III, S. 164)

Diese MARXsche Präzisierung ist für unsere praktische Arbeit von großer Bedeutung: Der Hinweis auf die gesellschaftlich notwendige Arbeitszeit schließt alle Vorschläge als unrichtig aus, die von einer individuellen Berechnung auf der Basis des für eine konkrete Lagerstätte entstandenen Aufwands ausgehen. Der Hinweis auf die Wertbestimmung durch den bei der Reproduktion (nicht bei der ursprünglichen Produktion) entstehenden Aufwands berücksichtigt die Möglichkeit, daß der Aufwand für den Ersatz der durch die Nutzung verbrauchten Vorräte von dem ursprünglich für diese entstandenen Aufwand abweichen kann.

Die praktisch zu lösende Frage lautet: Wie wird der gesellschaftlich notwendige Aufwand für die Reproduktion, d. h. für die Neuerkundung von Lagerstättenvorräten, bestimmt? Versuchen wir schrittweise die Antwort zu erhalten, indem wir nacheinander beantworten:

a) Wie muß der gesellschaftlich notwendige Aufwand für die spezifische geologische Produktion von Lagerstättenvorräten bestimmt werden?

b) Wie muß der entsprechende Aufwand für die Reproduktion rechnerisch bestimmt werden?

Obwohl es für die praktische Arbeit gegenwärtig vielleicht ausreichend wäre, nur die erste Frage theoretisch zu klären und für die Praxis brauchbare Maßnahmen abzuleiten, um sich erst zu einem späteren

[1]) Größe hier im Sinne der Vorratsmenge, nicht der räumlichen Ausdehnung der Lagerstätte, obwohl beide oft synchron verlaufen.

Zeitpunkt der zweiten Frage zuzuwenden, ist es offenbar notwendig, bei der theoretischen Erörterung auch dieses Problem zu erfassen.

3. Bestimmung des gesellschaftlich notwendigen Aufwands für die Erkundung von Lagerstättenvorräten

Den folgenden Darlegungen sei die Feststellung vorangestellt, daß diese Bestimmung nicht unkompliziert und zweifellos arbeitsaufwendig ist, wenn sie wissenschaftlich begründet (und nicht nur eine grobe Einschätzung) sein soll. Die Scheu vor diesem Aufwand hat in der Vergangenheit die Bearbeitung (und Lösung) des Problems verhindert. Dabei wurde übersehen, daß dieser Aufwand zu einem überwiegenden Anteil nur einmal und im Forschungs- bzw. zentralen Leitungssektor zu leisten ist und die Ergebnisse ohne auch nur annähernde Wiederholung dieses Aufwands im praktischen Bereich angewendet werden können.

3.1. Grundsätze und grundsätzliche Schlußfolgerungen

Für die Lösung dieser Frage sind folgende politökonomische Grundsätze zu beachten:

I. Der gesellschaftlich notwendige Aufwand muß betrachtet werden aus der Sicht des gesamten Produktionszweigs, d. h., wir müssen von der insgesamt benötigten Arbeitszeit ausgehen, die erforderlich ist, um „unter dem gegebenen Durchschnitt der gesellschaftlichen Produktionsbedingungen das gesellschaftlich erheischte Gesamtquantum der auf dem Markt befindlichen Warenspezies zu erzeugen". („Kapital", III, S. 691)

II. Da in das Tauschverhältnis der Waren der notwendige Aufwand aller Warenproduzenten eingeht, die auf dem jeweiligen Markt erscheinen (wobei vor allem die Produktions- und Realisierungsbedingungen ausschlaggebend sind, unter denen die Hauptmenge der betreffenden Ware hergestellt wird), ergibt sich eine „Tendenz zur universell gesellschaftlich notwendigen Arbeit, zum internationalen Wert. Diese Tendenz verstärkt sich unter den Bedingungen der wissenschaftlich-technischen Revolution". („Polit. Ökonomie d. Sozialismus", S. 277)

III. Das gesellschaftliche Bedürfnis bestimmt quantitativ jenen Anteil der gesellschaftlichen Gesamtarbeitszeit, der z. B. für die Verfügbarmachung einer bisher unbekannten Cu-Lagerstätte bereitgestellt werden kann. Dieser Anteil ist quantitativ limitiert:

„Die Gesellschaft kann, unter den gegebenen Produktionsbedingungen, nur soviel von ihrer Gesamtarbeitszeit auf diese einzelne Art von Produkt verwenden." („Kapital", III, S. 386)

Diese quantitative Schranke der in den einzelnen Produktionssphären verwendbaren Quoten der gesellschaftlichen Arbeitszeit ist nach MARX nur „ein weiterentwickelter Ausdruck des Wertgesetzes überhaupt; obgleich die notwendige Arbeitszeit hier einen anderen Sinn erhält".

Werden diese Grundsätze aus der Sicht der von uns zu lösenden praktischen Aufgaben analysiert (d. h. der Bestimmung von Vorratspreisen als Geldausdruck des Wertes dieser Vorräte), so folgt:

Aus I: Vorratspreise sind einheitlich (z. B. für das gesamte Wirtschaftsgebiet der DDR) für gleiche Gebrauchswerteigenschaften festzulegen, und zwar als mit den entsprechenden Mengen gewogener Durchschnitt der für die Erkundung objektiv notwendigen Aufwände, die wegen der natürlichen geologisch-geographischen Unterschiede in der Regel für die einzelnen Lagerstätten verschieden groß sind.

Aus II folgt, daß der Aufwand für eine Vorratseinheit (und damit letztlich der Vorratspreis) bei allen Unterschieden in den natürlichen Voraussetzungen, der technischen Basis und dem Geschick der Arbeiter, Wissenschaftler usw. sich dem „internationalen Wert" insofern nähern muß, als zeitweilige Abweichungen von ihm eine gewisse obere Streugrenze der individuellen Werte (aus denen sich als Durchschnitt der universelle Wert ergibt) nicht überschreiten dürfen. (Politische Zwangslagen bleiben hier unberücksichtigt, weil sie häufig unökonomische Entscheidungen notwendig machen.)

Maßgebend für den gesellschaftlich notwendigen Aufwand ist folglich nicht der Durchschnitt aus unseren gegenwärtigen Ist-Aufwänden, sondern der — auf der Grundlage des gegenwärtig erreichten durchschnittlichen internationalen Stands der Erkundungswissenschaft und -technik — aus international üblichen notwendigen Aufwänden (einschließlich dem für erfolglose Arbeiten). Dieser Aufwand wird in den einzelnen Ländern modifiziert, nicht nur durch die im nationalen Rahmen gegebene wirtschaftliche Entwicklungsstufe, sondern auch durch den im Lande erreichten regionalgeologischen Kenntnisstand.

Aus III ergibt sich für unseren Bereich, daß die Erkundung von der Gesellschaft nicht benötigter Rohstofflagerstätten — für die folglich keine Quote der gesellschaftlichen Gesamtarbeitszeit zur Verfügung gestellt wurde — aus heutiger Sicht vertane Arbeit in dem Sinne ist, daß ihr Ergebnis zwar den Nationalreichtum an verfügbaren natürlichen Ressourcen vergrößert, jedoch an der gesellschaftlichen Reproduktion nicht — auch nicht als Bestandteil des Nationalreichtums — beteiligt ist. Ein solches Ergebnis ist — ökonomisch geurteilt — ein typischer Fall der unökonomischen Schatzbildung (MARX: „... solange der Schatz in seinem Schatzzustand verharrt, fungiert er nicht als Kapital, nimmt nicht teil am Vermehrungsprozeß". („Kapital", II, S. 79)

3.2. Die Bestimmung des gesellschaftlich notwendigen Aufwands

Wenn wir davon ausgehen, daß der Wert eines Gegenstands primär nur durch die für ihn gesellschaftlich notwendige Arbeit bestimmt wird und diese

a) stets eine Durchschnittsgröße ist, die sich aus unterschiedlichen Produktionsbedingungen ergibt, unter denen die von der Gesellschaft benötigte Produktenmenge (der betrachteten Art) hergestellt wird;

b) stets die gesamte gesellschaftlich notwendige Arbeit umfaßt, die von der Gesellschaft für die Herstellung dieser Produktenmenge erforderlich ist (d. h. auch der Produktionsvorbereitung, wie Forschung, Projektierung u. ä.);

c) ferner nur die tatsächlich gesellschaftlich notwendige Arbeit berücksichtigt, und zwar im doppelten Sinne: 1. notwendig im Sinne der im Produktionsprozeß erforderlichen Arbeit (ohne überflüssige bzw. vermeidbare Aufwendungen) und 2. notwendig für die Gesellschaft hinsichtlich der Befriedigung eines tatsächlichen gesellschaftlichen Bedürfnisses (eine überflüssige Produktenmenge, für die in der Gesellschaft kein Bedarf besteht, wurde mit vermeidbarem Aufwand geschaffen);

wenn wir all dies berücksichtigen, so muß die Wertbestimmung des erkundeten Vorrats mit der Ermittlung des dafür gesellschaftlich notwendigen Aufwands beginnen.

Bei Beachtung der zeitlich relativ ausgedehnten Produktions- und Realisierungszyklen in der geologischen Erkundung sowie der wechselnden natürlichen Verhältnisse empfiehlt es sich, die von überflüssigen, d. h. gesellschaftlich nicht notwendigen Ausgaben befreiten Aufwendungen für einen konkreten mineralischen Rohstoff innerhalb einer Zeit von mindestens fünf, besser zehn Jahren als Ausgangspunkt der Berechnungen zu nehmen. Es wird folgender Bearbeitungsgang vorgeschlagen:

1. Für einen längeren Zeitraum (etwa 10 Jahre) werden alle Aufwendungen für einen bestimmten natürlichen Rohstoff zusammengestellt — z. B. Erdöl oder Erdgas —, die der Zielstellung „Nachweis von Erdöl- bzw. Erdgasvorräten" dienten. Diese Zusammenstellung ist unabhängig von der Finanzierungsquelle der einzelnen Arbeiten und die ganze Folge der Arbeiten umfassend (von speziellen regionalgeologisch-geophysikalischen Arbeiten, Forschungs-, Strukturvorbereitungs- und eigentlichen Sucharbeiten bis zur Erkundung, einschließlich Vorratsberechnung) durchzuführen.

2. Jede einzelne Position der Zusammenstellung ist anschließend kritisch zu überprüfen: Waren diese Arbeiten für die genannte Zielstellung tatsächlich notwendig (oder wurden andere wissenschaftliche bzw. praktische Ziele verfolgt)? Waren die dabei realisierten Arbeiten für die Erreichung des gestellten Ziels notwendig (oder wurden überflüssige Bearbeitungsetappen und überflüssige Umfänge realisiert)? Wurden die durchgeführten Arbeiten über das „Normale" (in die Normative einbezogene) hinaus durch technische, arbeitsorganisatorische usw. Mängel vermeidbar verteuert (Havarien, Wartezeiten u. ä.)?

3. Die auf diese Weise entdeckten Posten gesellschaftlich nicht notwendigen Aufwands für den betrachteten natürlichen Rohstoff sind von der Summe der Zusammenstellung (1) zu subtrahieren. Der verbleibende Rest wird als bei uns im betrachteten Zeitraum tatsächlich notwendig gewesener Aufwand behandelt.

4. Die nach (3) erhaltene Restsumme wird durch die Gesamtmenge der im betrachteten Zeitraum erhaltenen Vorräte (z. B. Erdöl oder Erdgas) dividiert. Wir erhalten auf diese Weise den bei uns tatsächlich notwendig gewesenen Aufwand für eine Vorratseinheit (A_n).

Der so ermittelte Wert A_n hat als Ausgangsgröße für alle folgenden Betrachtungen grundlegende Bedeutung, weil er die Hauptsubstanz des Vorratswerts ausmacht. Es ist jedoch zu beachten, daß

a) A_n den tatsächlichen Aufwand lediglich für die Vergangenheit — z. B. für die letzten 10 Jahre — ausdrückt. Er kann für die Gegenwart nur dann gültig sein, wenn sich in den letzten Jahren keine sprunghaften (einschneidenden) Veränderungen im Aufwand ergeben haben.

b) Dieser Aufwand entspricht dem notwendig gewesenen nationalen Ist-Wert; es muß noch geprüft werden, ob dieser Aufwand — bei vergleichbaren Verhältnissen z. B. in den der DDR benachbarten Ländern — dem „internationalen Wert" wenigstens in der Größenordnung entspricht. Nur wenn A_n keine grundlegende (sondern lediglich national bedingte) Abweichung von diesem „internationalen Wert" aufweist, kann der ermittelte durchschnittliche Aufwand als gesellschaftlich notwendig und damit A_n als Ausdruck des Werts akzeptiert werden. Theoretisch könnte eingewendet werden, daß es sich dazu um gleiche Gebrauchswerte handeln müsse. Das trifft für die mit A_n erfaßten Vorräte nur grob, jedoch — was die Qualität des Rohstoffs betrifft — nicht präzise zu. Da diese Qualität jedoch weder durch zusätzlichen Aufwand in der Erkundung erkauft noch überhaupt zu schaffen ist, meinen wir keinen großen Fehler zu begehen, wenn wir diesen Fakt später bei der Preisbildung zu berücksichtigen versuchen.

In der Vergangenheit wurde zuweilen gefordert, in den notwendigen Aufwand auch die Ausbildungskosten der Wissenschaftler und Arbeiter einzubeziehen. Da diese Kosten jedoch von der Gesellschaft — nicht vom Industriezweig — auf anderem Wege (aus dem gesellschaftlichen Reineinkommen) mobilisiert werden, sollte dieser Vorschlag unbeachtet bleiben.

4. Der Übergang vom Vorratswert zum Vorratspreis für die Erkundung

In der Vergangenheit wurde versucht, aus dem in bestimmten Formationen (z. B. Erdgas im Zechstein bzw. Rotliegenden) entstandenen Aufwand direkt für die in diesen Formationen ermittelten Vorräte den Vorratspreis zu bestimmen. Dieser Versuch mißlang, weil

a) die Teufenlage einzelner Formationen auf dem Territorium der DDR sehr unterschiedlich ist (Unterschiede von mehr als 1000 Meter);

b) bestimmte Arbeiten (z. B. regionalgeologische, Basisbohrungen) in der Regel nicht einer bestimmten Formation zugeordnet werden können;

c) der Aufwand ferner — den geologischen Aufbau der Formationen betrachtet — nicht funktionell formationsabhängig ist.

Es mußte ein anderer Lösungsweg eingeschlagen werden, der über die obendargestellten Schritte 1—4 zunächst zu A_n führte. Doch A_n — als Ausdruck des gegenwärtigen Vorratswerts — ist gemäß grundsätzlicher Schlußfolgerung I ein gewogener Mittelwert aus oft sehr heterogenen Größen:

a) A_n drückt als Durchschnitt den notwendig gewesenen Aufwand für Arbeiten in sehr verschiedenen geologischen Verhältnissen aus; er gilt für eine im betrachteten Zeitraum entstandene konkrete Proportion der Vorräte aus diesen aufwandsmäßig unterschiedlichen Lagerstätten.

b) A_n drückt ferner den tatsächlichen Durchschnittsaufwand für die Vorratseinheit aus, ohne den unterschiedlichen Untersuchungsgrad (Vorratsklassen) zu berücksichtigen. Der notwendige Aufwand erhöht sich jedoch wesentlich beim Übergang von C_2 zu den höheren Klassen C_1, B und A.

c) Schließlich bezieht sich A_n — darauf wurde bereits verwiesen — auf Vorräte, die strenggenommen nicht immer den gleichen Gebrauchswert (Qualität) besitzen. Dieser Umstand sollte — wie angekündigt — ebenfalls bei der Preisbildung berücksichtigt werden.

Methodisch wird folgender Weg vorgeschlagen:

a) Wir orientieren uns zunächst auf den Vorratspreis, wie er für die bisher erkundeten Vorräte Gültigkeit hat.

b) Wir ermitteln für diese die Modifikationen von A_n, die sich aus den unterschiedlichen geologischen Verhältnissen, Vorratsklassen und Qualitäten ergeben.

c) Wir überprüfen, welche Veränderungen sich beim Übergang vom gegenwärtigen Stand für die zukünftigen Arbeiten — die Reproduktion der Vorräte — ergeben.

Die in den Zusammenstellungen (s. oben bei 1.) erfaßten Vorräte eines bestimmten Rohstoffs (z. B. Erdgas) werden zunächst nach den maßgebenden (entscheidenden) Faktoren für den notwendigen Aufwand gegliedert.

4.1. Berücksichtigung der Teufe als aufwandsentscheidender Faktor

Da der Hauptanteil des Aufwands in der Erkundung (ganz besonders bei Erdöl und Erdgas) gegenwärtig und in absehbarer Zukunft durch die Anzahl und die Teufe der niederzubringenden Bohrungen für die Suche und Erkundung bestimmt wird, bietet sich als Kriterium für eine solche Gliederung vor allem die Teufe an. Andere Faktoren, wie Bohrbarkeit der zu durchteufenden Gesteine, die tektonische Kompliziertheit der Lagerstätten (die wesentlich die Anzahl der erforderlichen Bohrungen bestimmt) u. a., können in diesem Zusammenhang vernachlässigt werden, weil sie nicht teufen- oder formationsabhängig sind, grundsätzlich überall angetroffen werden können und dadurch die Möglichkeit des statistischen Ausgleichs bieten.

Diese Gliederung nach der Teufe sollte nicht übertrieben detailliert vorgenommen werden und sich nach der tatsächlichen Situation richten. Bei uns können z. B. für Erdöl und Erdgas folgende Intervalle zur Diskussion gestellt werden: bis 1250 Meter, 1250—2500, 2500 bis 3750, 3750—5000, 5000—6000, über 6000 Meter. Mit diesen Intervallen (die gegenwärtig noch nicht alle in der Praxis benötigt werden) kann eine ausreichend objektive Staffelung durchgeführt werden. Aus den in den Zusammenstellungen für Arbeiten in diesen Teufenbereichen erfaßten bereinigten Aufwänden (die gegenwärtig vorliegenden Normativkosten für solche Teufen sind noch zu stark subjektiv gefärbt und vorläufig für diese Ermittlung nicht als Ausgangswert geeignet), den für jedes Teufenintervall tatsächlich nachgewiesenen Vorratsmengen und aus A_n lassen sich die für jedes Teufenintervall notwendigen Aufwände (A_{nt}) einfach berechnen.

Beispiel:

Bei einem ermittelten $A_n = 4{,}50$ M sollen die A_{nt} für die Intervalle x und y ermittelt werden, wenn sich die Aufwände (Bohrkosten) für diese wie 16:36 verhalten und in x 1000 Vorratseinheiten, in y dagegen 2200 nachgewiesen wurden.

$$3200\,A_n = 1000\,A_{nx} + 2200\,A_{ny}$$

$$A_{nx}:A_{ny} = 16:36$$

A_n ist bekannt (4,50 M); wir haben folglich zwei Unbekannte und zwei Gleichungen, aus denen sich die gesuchten A_{nx} mit 2,43 M und A_{ny} mit 5,48 M bestimmen.

Diese Gliederung ist für Regelungen innerhalb des Industriezweigs von großer praktischer Bedeutung. Wenn z. B. die Erdöl-Erdgaserkundung für jede Vorratseinheit von der Volkswirtschaft 4,50 M erhält, ein Erkundungsbetrieb jedoch im wesentlichen Vorräte im Intervall x nachgewiesen hat, ein anderer Betrieb dagegen in y, erhält der eine für jede Vorratseinheit aus x nur 2,43 M, der andere dagegen überwiegend 5,48 M. Es kann folglich in beiden Fällen mit einem zum Erkundungsaufwand proportionalen Erlös gearbeitet werden.

4.2. Berücksichtigung der Qualität des Rohstoffs und der Lagerstätte

Grundsätzlich kann der Erkundungsgeologe eine entdeckte Lagerstätte und die Qualität ihres Rohstoffs durch Erkundungsmehraufwand nicht verbessern. Sie ist von Natur aus gegeben und weder ein Verdienst des Geologen noch — bei sehr ungünstiger Qualität — sein Verschulden. Die einzige Möglichkeit, auf die Lagerstättenqualität Einfluß zu nehmen, bietet sich manchmal dem Geologen durch die von ihm zu vollziehende Auswahl des Erkundungsobjekts.

Da die Wirtschaft fast immer an möglichst hochwertigen Lagerstätten besonders interessiert ist, müssen ökonomische Stimuli geschaffen werden, die den Erkundungsgeologen auf derartige Objekte orientieren, selbst wenn diese Erkundungsobjekte größere Schwierigkeiten für die Durchführung der Arbeiten bieten als die weniger guten Lagerstätten (und zugleich als ökonomischer Ausgleich für erhöhten Aufwand). Das kann damit erreicht werden, daß der aus A_{nt} abgeleitete Vorratspreis für eine bestimmte, verarbeitungsmäßig noch zu akzeptierende Qualität gilt; für jede bessere Qualität — etwa bei Gas mit Qualitätsstufen von 5 oder 10% mehr brennbaren Komponenten (oder entsprechend höherem Heizwert) — dagegen ein entsprechender Zuschlag wirksam wird. Exakter wäre es, A_{nt} auf die erreichte durchschnittliche Qualität zu beziehen und bei Abweichungen nach oben und unten mit Zuschlägen und Abzügen zu arbeiten.

4.3. Berücksichtigung der erreichten Vorratsklasse

Schließlich muß A_{nt} noch nach den erreichten Vorratsklassen gegliedert werden. Diese Aufgabe wurde bereits in der Vergangenheit als notwendig erkannt und dazu die Einführung von Koeffizienten vorgeschlagen. Verfasser hat 1966 („Grundfragen der ökonomischen Geologie", S. 77—85) einige damit in Verbindung stehende Probleme dargelegt. Konkrete Überprüfungen haben gezeigt, daß diese Koeffizienten nur zutreffend sind, wenn sie rohstoffspezifisch oder lagerstättentypspezifisch (s. a. a. O., S. 69—75) ermittelt werden. Für die meisten Lagerstätten in der DDR trifft dabei ein Aufwandsverhältnis der Klassen $C_1:C_2 \simeq 1:0{,}5$ zu. Der Koeffizient für B variiert dagegen sehr stark (von 1,4 bis 4,0).

Da die Hauptmenge der in der DDR erkundeten Vorräte in den Klassen C_1 und C_2 vorliegt und C_2 relativ geringe Schwankungen aufweist (von 0,2 bis 0,7), kann nach Meinung des Verfassers bis zum Vorliegen spezieller Untersuchungsergebnisse zunächst von diesen Koeffizienten ausgegangen werden. Im Rahmen der hier vorgeschlagenen Arbeiten macht bei Verwendung dieser Koeffizienten, dem für ein bestimmtes Teufenintervall ermittelten A_{nt} und der in diesem Intervall nachgewiesenen Vorräte — zusätzlich gegliedert nach Vorratsklassen —, diese Bestimmung keine Schwierigkeiten:

Beispiel:

Bei einem ermittelten $A_{nt} = 6{,}00$ M, Vorräten von 3500 Einheiten, davon in C_1 2500 Einheiten und in C_2 1000 Einheiten, erhalten wir bei Verwendung der Koeffizienten 1,0 (für C_1) und 0,5 (für C_2) die Gleichung:

$$3500\,A_{nt} = 2500 \cdot 1\,C_1 + 1000 \cdot 0{,}5\,C_1 = 3000\,C_1$$

Für diese Berechnung wurden folglich mit Hilfe der Koeffizienten die Vorräte der Klasse C_2 (dann die für B und A, wenn solche vorliegen) auf die Einheitsklasse C_1 reduziert. Da A_{nt} bekannt ist (6,00 M), erhalten wir die elementare Gleichung:

$$21000 = 3000\ C_1$$
$$C_1 = 7{,}00 \text{ M}$$
$$C_2 = 0{,}5\,C_1 = 3{,}50 \text{ M}$$

Dieser Vorschlag ist für die Erkundung fester mineralischer Rohstoffe und Grundwasser zweifellos brauchbar.

4.4. Einige Besonderheiten bei Erdöl und Erdgas

In der Erdöl- und Erdgaserkundung haben sich in letzter Zeit einige methodische Veränderungen ergeben, die für die zu findende Lösung von Bedeutung sind:

a) Die Erdöl-Erdgaserkundung wird bei uns immer stärker darauf orientiert, die Erkundung in der Regel nicht weiter als bis zu C_1 zu führen. (Das vereinfacht die praktische Lösung der hier gestellten Aufgabe wesentlich.)

b) Wird dennoch die Klasse B oder gar A erreicht, kann praktisch eine entsprechende Anzahl von Produktionsbohrungen eingespart werden. [Da Zuarbeit zur Förderung (quasi Produktionsbohrungen) geleistet wurde, sind die entstandenen höheren Kosten aus dem Förderaufwand zu bestreiten.]

c) Immer häufiger tritt eine — angestrebte — zeitliche Überlappung bzw. Parallelität von Erkundung und Förderung ein. In den USA z. B. wird die Erdöl-Erdgaserkundungsmethodik dadurch charakterisiert, daß nach der Entdeckung der Lagerstätte durch Suchbohrungen die Erkundung im wesentlichen durch die Niederbringung von Exploitationsbohrungen abgelöst wird, in denen nur ein Minimum an Untersuchungen durchgeführt wird. Dabei wird das Prinzip „von innen nach außen" angewandt. Sobald sich in diesen Produktionsbohrungen die Nähe der Lagerstättenkontur andeutet (durch verringerte Speichermächtigkeit, Abtauchen des Speichers u. ä.), setzt erneut die Erkundung mit dem Ziele ein, die Lagerstätte zu konturieren und deren Vorräte endgültig zu berechnen. Eine solche Verfahrensweise führt zwar zu einer höheren Quote trockener Produktionsbohrungen als in anderen Ländern, andererseits wird dadurch die Inbetriebnahme der Lagerstätte außerordentlich verkürzt. Die sich aus solchen oder ähnlichen Entscheidungen ergebenden Schlußfolgerungen für die Bestimmung der Vorratspreise in Abhängigkeit vom Untersuchungsgrad sind noch nicht ausgearbeitet.

d) Im Zechstein der DDR wurden in einigen Gebieten bei der Suche sehr kleine Lagerstätten gefunden, deren Konturierung ökonomisch nicht lohnt und die durchaus mit den vereinzelten Erkundungsbohrungen abgebaut werden können. Es lohnt sich folglich auch nicht der materielle und geistige Aufwand für eine Vorratsberechnung. Wie sind die Vorräte solcher Kleinlagerstätten — hinsichtlich des Untersuchungsgrads — einzuschätzen? Auch diese Antwort steht trotz grundsätzlicher Abstimmungen offiziell noch aus.

e) Schließlich spielt insbesondere bei Erdöl (jedoch auch bei Erdgas) der ausbringbare Anteil der anstehenden Vorräte eine wichtige ökonomische Rolle. Was ist preismäßig zu erfassen: der ausbringbare (und dann welcher — der primäre oder der primäre plus sekundäre) Anteil oder die anstehenden Vorräte?

In dieser Frage gibt es gegenwärtig bei uns noch zwei sich gegenüberstehende Auffassungen: Die Vertreter der Orientierung auf den ausbringbaren Anteil berufen sich auf die unbestreitbare Tatsache, daß die Wirtschaft nur an den ausbringbaren Vorräten interessiert ist, daß auch nur dieser Teil dem Erkunder den verausgabten Aufwand rückerstatten könne. Die Gegner dieser Auffassung erkennen zwar die hohe Bedeutung der ausbringbaren Vorräte für die Volkswirtschaft an, geben jedoch zu bedenken, daß

— vor relativ umfangreichem Abbau der Lagerstätte die tatsächlich ausbringbaren Vorräte sich gegenwärtig nicht mit der praktisch notwendigen Sicherheit und Genauigkeit bestimmen lassen,

— zwar das primäre Ausbringen mit einer gewissen Unsicherheit noch einschätzbar ist, daß der Effekt von Sekundärmaßnahmen bei Abschluß der Erkundung jedoch in der Regel nicht mit der notwendigen Sicherheit angegeben werden kann,

— die Sekundärförderung zusätzliche Kosten (zur primären Förderung) verursacht, die weder auf Kosten der Erkundung gehen noch ohne konkrete Festlegungen der Förderung zusätzlich angerechnet werden können,

— bei Sekundärförderung — unabhängig von den eben erwähnten zusätzlichen Kosten — keine Tonne gefördert werden könnte, wenn sie nicht durch den Erkunder mit der Lagerstätte zuvor nachgewiesen worden wäre.

Aus diesen Argumenten leiten die Vertreter dieser Auffassung die Notwendigkeit ab:

— den ermittelten A_{nt} — modifiziert durch alle zu beachtenden Faktoren — auf die anstehenden Bilanzvorräte zu beziehen,

— das primäre Ausbringen (in Form eines für die Lagerstätte bestätigten Planausbringungskoeffizienten) möglichst zuverlässig einzuschätzen und bei der Förderung durch entsprechende Vorratsabschreibungen derart zu berücksichtigen, daß nach Abschluß der primären Förderung alle Bilanzvorräte amortisiert sind,

— die bei Sekundärförderung entstehenden zusätzlichen Kosten dann durch die Sekundärförderung zu tragen, weil für diese keine Vorräte mehr zu amortisieren sind.

So könnte stimuliert und erreicht werden, daß die Lagerstätten primär und sekundär maximal bei ökonomisch vertretbaren Kosten genutzt werden.

Diese Vorschläge reichen über das Gebiet der Erkundung hinaus, betreffen die Förderung, d. h. einen modernen Zweig der Montanindustrie. Der Vorratspreis und seine Rolle in diesem Bereich werden später betrachtet werden. Hier war diese Abschweifung notwendig, um strittige Fragen zu beleuchten, die im Erkundungsbereich anstehen.

5. Zusammenfassung und einige Schlußfolgerungen

Es wurde gezeigt, wie der bisher notwendig gewesene Aufwand A_n bestimmt werden kann. Er entspricht dem gegenwärtigen Durchschnitt aller Aufwendungen für den erkundeten Vorrat eines betrachteten Rohstoffs. Er kann zu ökonomischen Effektivitätsberechnungen des Zweigs verwendet werden und ist auch die Ausgangsbasis zur Bestimmung des Werts bereits übergebener Lagerstätten.

Für den Industriezweig — z. B. Erdöl-Erdgas-Erkundung — haben innerbetrieblich die A_{nt} für die einzelnen Teufenintervalle größere Bedeutung, weil sie nicht nur der Planung und Leitung der einzelnen Betriebe, sondern auch der wirtschaftlichen Rechnungsführung dienen, vor allem bei Berücksichtigung der diesen Wert modifizierenden Faktoren (A_{nt}').

Fassen wir die bisher mit der vorgeschlagenen Methodik erreichten Ergebnisse zusammen:

a) Es wurde A_n (der gesellschaftlich notwendige Aufwand) für den betrachteten Rohstoff ermittelt und festgestellt, daß er — wenn er den genannten internationalen Vergleichen standhält, als Vorratswert für die bis zur Gegenwart bei uns erkundeten Vorräte (dieser Art) dienen kann.

b) Aus A_n wurden die bestimmten Teufenintervallen entsprechenden Größen A_{nt} abgeleitet. (In unserem Beispiel aus $A_n = 4{,}50$ M z. B. $A_{nx} = 2{,}43$ M, gültig für ein bestimmtes Teufenintervall, z. B. 1250—2500 m.)

c) Aus A_{nx} wurden die A_{nx} für die einzelnen Vorratsklassen abgeleitet. (Bei 2500 Vorratseinheiten in C_1, 1000 Vorratseinheiten in C_2 und einem A_{nx} von 2,43 M ergibt sich für $A_{nxC_1} = 2{,}83$ M und für $A_{nxC_2} = 1{,}42$ M.)

d) Es wurde ferner vorgeschlagen, diese Vorratspreise als gültig für eine definierte Rohstoffqualität festzulegen und Abweichungen von ihr durch Zu- und Abschläge zu berücksichtigen. Ergäbe sich für unser Beispiel ein solcher Zuschlag von z. B. 20%, dann erhöhten sich A_{nxC_1} auf 3,40 M und A_{nxC_2} auf 1,70 M.

Offenbar ist es auf diese Weise möglich, alle benötigten konkreten Vorgaben für die wirtschaftliche Rechnungsführung innerhalb jedes Betriebes und des ganzen Industriezweigs zu ermitteln. Entgegen früheren Annahmen ist es bei diesem Vorgehen nicht notwendig, dem A_{nt}' noch einen Aufschlag in Form eines betrieblichen Gewinns hinzuzufügen. Er ist bereits in die Positionen eingegangen, die Grundlage zur Bestimmung von A_n waren. Anders, wenn zu fondsbezogenen Preisen übergegangen werden soll. Dann wären umfangreichere Berechnungen notwendig, um die Veränderungen zu erkennen, die sich für A_n ergeben.

5.1. Der Vorratspreis für die Reproduktion der Vorräte

Für die Preisplanung zukünftiger Erkundungsergebnisse können weder A_n noch die einzelnen A_{nt} ungeprüft übernommen werden. In zukünftigen Jahren können (nicht: müssen) sich Veränderungen bei beiden ergeben:

a) Bei den A_{nt} können sich Veränderungen einstellen, weil bestimmte Arbeitsprozesse billiger oder auch teurer ablaufen werden (z. B. das Bohren). Der Einfluß derartiger vorauszusehender Veränderungen auf A_{nt} muß folglich beachtet werden.

b) Bei A_n können (mit relativ großer Wahrscheinlichkeit zu erwarten) sich Veränderungen dadurch ergeben, daß sich einerseits die Proportionen und damit das Gewicht der einzelnen A_{nt} verändern (A_n ist das gewogene Mittel aus diesen), andererseits müssen sich eingetretene Veränderungen von einzelnen A_{nt} auch auf A_n auswirken.

Mit diesen u. U. veränderten A_n und A_{nt} muß daher bei der Perspektivplanung gearbeitet werden.

Gegen diese Ergebnisse unserer Vorschläge wurde der Einwand erhoben, daß sie zu keinen konstanten Preisen führen. Dieser Einwand ist deshalb nicht stichhaltig, weil jede planmäßige Preisfestlegung davon ausgeht, daß beliebige Preise über lange Zeiträume nicht konstant bleiben können. Jede Veränderung der Arbeitsproduktivität führt zu ihrer Veränderung. Da die Erhöhung der Arbeitsproduktivität ökonomisches Gesetz des Sozialismus ist, sind Preisveränderungen in der Regel unvermeidlich. Auch der fondsbezogene Preis ist kein unveränderlicher Preis.

Da die Vorratspreise nicht nur durch die veränderte (höhere) Arbeitsproduktivität beeinflußt werden, sondern objektiv auch durch veränderte geologische Bedingungen, die sich in aller Welt allgemein ungünstiger (aufwendiger) gestalten, sind in unserem Bereich einander entgegenlaufende Tendenzen vorhanden, die sowohl zu einer Senkung als auch zu einer Erhöhung der gegenwärtigen Preise für Vorräte führen können, sich andererseits in besonderen Fällen auch kompensieren können und damit Veränderungen verhindern.

Der Leser wird festgestellt haben, daß wir zur Ermittlung des Vorratspreises in der Erkundung nicht auf die Differentialrente zurückgegriffen haben. Wir sind der Meinung, daß die Ursachen für deren mögliche Wirkung in der sozialistischen Wirtschaft — unterschiedliche natürliche Voraussetzungen, die zu unterschiedlichem Produkt für gleiche Mengen eingesetzter Arbeit führen — durch die vorgeschlagene Methodik der Vorratspreisermittlung ausreichend berücksichtigt sind.

Das Ergebnis der hier vorgeschlagenen Preisarbeit ist — als erste Stufe — der Vorratspreis für die Erkundung. Er kann aus mehreren Gründen — auf die später noch einzugehen sein wird — nicht identisch sein mit dem Vorratspreis, der in der die Lagerstätten nutzenden Industrie angewendet werden muß.

5.2. Die ökonomische Bewertung der Lagerstätten

Die ökonomische Bewertung der Lagerstätte besteht in der Bestimmung ihres Werts, gewöhnlich in Form ihres Geldausdrucks. Der Wert einer Lagerstätte ist praktisch jedoch nicht für die Erkundung zu bestimmen, sondern für den Nutzer, in dessen Fonds die Lagerstätte eingeht.

Allgemein gesprochen ist es nicht schwer, den Wert einer Lagerstätte zu bestimmen, wenn der Preis ihrer Vorräte bekannt ist. Doch der Vorratspreis in der Erkundung ist nicht identisch mit dem Vorratspreis für den Nutzer. Hier sind die Ergebnisse der sowjetischen. Untersuchungen zur Differentialrente zu beachten. Darauf wurde bereits hingewiesen. Folglich muß die Methode der Bewertung von Lagerstätten zunächst aufgeschoben werden, bis dieser Vorratspreis (und -wert) erörtert und bestimmt wurde. Das wird Inhalt eines speziellen Aufsatzes sein.

6. Abschließende Bemerkung

Wenn auch zugegeben werden muß, daß der hier dargelegte Vorschlag praktikable Lösungen enthält, so ist doch nach Meinung des Verfassers zu erwarten, daß der Einwand des „zu großen Arbeitsaufwandes" für diese Lösung, dessen vermeintliche „Kompliziertheit" und ähnliches gemacht werden wird — Haltungen, wie sie auch in der Vergangenheit erfolgten und faktisch dazu geführt haben, daß wir der Lösung des Problems kaum einen Schritt näher gekommen sind.

Ist der zu leistende Arbeitsaufwand wirklich unvertretbar groß?

Gewiß, zur Ermittlung von A_n ist keine geringe statistisch-analytische Arbeit notwendig, doch dieser Arbeitsaufwand ist nur einmal zu leisten und selbstverständlich nicht in den Betrieben, sondern in einem unserer wissenschaftlichen Zentren.

Die Ermittlung der spezifischen A_{nt} ist bereits weit weniger arbeitsaufwendig, sie erfolgt ebenfalls in den Instituten. Ebenso können — gestützt auf diese Grundwerte — alle Modifikationen und zukünftigen Veränderungen ohne ins Gewicht fallenden Arbeitsaufwand bestimmt werden.

Es handelt sich somit um eine keineswegs ungewöhnlich große Arbeit, die zu leisten ist. Das ist jedoch nur ein Argument. Das andere besteht darin, daß es überhaupt keinen anderen Weg gibt, der zu einer wissenschaftlich begründeten Bestimmung des A_n und der A_{nt} führt. Daher empfiehlt der Verfasser seine Realisierung.

Literatur

ANONYM: Die ökonomische Bewertung natürlicher Ressourcen (russ.). — Woprossi ekonomiki, Heft 1 (1969).
AUTORENKOLLEKTIV: Politische Ökonomie des Sozialismus und ihre Anwendung in der DDR. — Dietz Verlag, Berlin 1969.
FEDORENKO, N.: Über die ökonomische Bewertung natürlicher Ressourcen (russ.). — Woprossi ekonomiki, Heft 3 (1968).
FEJTELMAN, N.: Über die ökonomische Bewertung mineralischer Ressourcen (russ.). — Woprossi ekonomiki, Heft 11 (1968).
MARX, K.: Das Kapital, 2. Band. — Dietz Verlag, Berlin 1955.
— Das Kapital, 3. Band. — Dietz Verlag, Berlin 1953.
SCHKATOW, W.: Die Preise für Naturreichtümer und die Vervollkommnung der planmäßigen Preisbildung (russ.). — Woprossi ekonomiki, Heft 9 (1968).
STAMMBERGER, F.: Zur ökonomischen Bewertung von Lagerstätten nutzbarer Rohstoffe. — Freiberger Forschungs-H., C 147, Akademie-Verlag, Berlin 1962.
— Der Lagerstättenvorrat als ökonomische Kategorie. — Z. angew. Geol., H. 2, Berlin 1965.
— Das neue ökonomische System der Planung und Leitung der Volkswirtschaft und die geologische Arbeit in der DDR (Thesen). — Z. angew. Geol., H. 4, Berlin 1965.
— Das Wesen der geologischen Erkundung und ihr Platz in der Gesellschaft. — Z. angew. Geol., H. 8, Berlin 1965.
— Grundfragen der ökonomischen Geologie. — Akademie-Verlag, Berlin 1966.
— Beiträge zur Diskussion geologisch-ökonomischer Probleme. — Wissenschaftl.-techn. Inform.-Dienst d. zentr. geol. Inst., Sond.-H. 12 (1966).
— Zu einigen Ergebnissen mangelhafter Systemanalyse. — Z. angew. Geol., H. 11, Berlin 1968.
— Die Stellung der ökonomischen Geologie im gesellschaftlichen Reproduktionsprozeß. — Z. angew. Geol., H. 5, Berlin 1970.
STRUMILIN, S.: Über den Preis für Naturgaben (russ.). — Woprossi ekonomiki, H. 8 (1967).
SUCHOTIN, J.: Über die Bewertung natürlicher Ressourcen (russ.). — Woprossi ekonomiki, H. 12 (1967).

Über die Verbindung der Aufgaben der seismischen Erkundung und des Erkundungsbohrens

W. F. DUNAJEW & A. A. KOSORESOW, UdSSR

Die seismischen Erkundungsarbeiten nehmen in der Sowjetunion wegen der Effektivität geophysikalischer Methoden einen immer größeren Umfang an. Von der Gesamtzahl der für das Niederbringen tiefer Bohrungen vorbereiteten Strukturen entfallen in den letzten Jahren etwa 80% auf die seismische Erkundung. Es wurden bedeutende Fortschritte auf den Gebieten der Einführung der neuen Technik, der Methodik der Arbeiten und der Organisation der Produktionsprozesse erreicht. Die auf diesem Gebiet unternommenen Arbeiten führten zur Errichtung neuer seismischer Stationen, die ganze Komplexe bearbeiten, und zur Ausarbeitung von fortschrittlichen technologischen Produktionsschemata. Zugleich wächst der Informationsgehalt dieser Arbeitsergebnisse (DUNAJEW 1968).

Die technisch-ökonomischen Kennziffern der seismischen Erkundung zeigen ein Ansteigen des Mittel- und Zeitaufwandes je geologisches Objekt. So wuchsen die Ausgaben für die Vorbereitung einer Struktur im Zeitraum des Siebenjahrplanes (1959—1965) um 54%, gleichzeitig vergrößerte sich die Länge der auf eine Struktur entfallenden seismischen Profile auf das 1,2-fache, während die Zeitdauer der Vorbereitung der Struktur um 38% anstieg.

In der letzten Zeit entfallen auf die seismischen Erkundungsarbeiten etwa 16% der Gesamtmittel für die Suche und Erkundung auf Erdöl und Erdgas. Im Zusammenhang damit besteht die Hauptaufgabe in der

Diskussionsbeitrag.
Aus „Geologija nefti i gasa", 1969, H. 12, S. 53—57.
Übers.: K. H. BINTIG, ZGI, Berlin.

effektiven Ausnutzung aller jener Angaben und Kenntnisse, für deren Erhalt diese umfangreichen Mittel verbraucht werden.

Die Anzahl der vorbereiteten Strukturen spiegelt in der allgemeinsten Form die Ergebnisse der seismischen Erkundungsarbeiten wider und ist eine Folge der Realisierung der erhaltenen geologischen Informationen. Damit kann jedoch noch nicht beurteilt werden, inwieweit diese Information voll ausgenutzt wurde. Der Grad der Ausnutzung findet auch nur teilweise seine Widerspiegelung in der Höhe der Ausgaben für die tiefen Bohrungen auf vorbereitete geologische Objekte.

Es ist bekannt, daß der ökonomische Effekt geophysikalischer Arbeiten vom Grad der Ausnutzung ihrer Ergebnisse abhängt (MILOWIDOW 1967). In diesem Sinne besitzen geophysikalische Materialien einen potentiellen Wert.

Daraus folgt einerseits, daß Planung und Organisation des geologischen Erkundungsprozesses von der Forderung nach einer maximalen Ausnutzung der bis dahin vorliegenden geologischen Informationen ausgehen müssen. Insbesondere müssen Umfang und Aufgaben der seismischen Erkundungsarbeiten eng mit den auf der Grundlage allgemeiner Vorstellungen über das nachgewiesene geologische Objekt festgelegten Aufgaben der Tiefenerkundung koordiniert werden (DUNAJEW 1967).

Andererseits muß in der folgenden Etappe das System der Erkundungsbohrungen mit den früher erhaltenen Ergebnissen der seismischen Erkundung verbunden werden.

Ökonomisch-mathematische Modelle für diese Prozesse werden außerhalb der UdSSR bei der Planung geologischer Erkundungsarbeiten bereits angewendet.

Die Lösung der aufgezeigten Fragen kann zur Einsparung großer Mengen gesellschaftlicher Arbeit in der geologischen Erkundung führen. Leider lassen die Planungsorgane, indem sie ihr Hauptaugenmerk auf die selbstverständlich wichtigen Fragen der Erhöhung der Produktivität der seismischen Erkundungsarbeiten und der Effektivität der Bohrprozesse richten, die andere, nicht weniger wichtige Seite außer Betracht: die gegenseitige Koordinierung des Umfangs und der Erfordernisse dieser beiden Arbeitsarten. Ferner dürfte feststehen, daß alle Erfolge, die bei der Durchführung seismischer Erkundungsarbeiten als Ergebnis der Vervollkommnung ihrer Technik und Methodik erreicht werden, ebenso wie auch die Steigerung der Arbeitsproduktivität vom volkswirtschaftlichen Standpunkt aus entwertet werden, wenn die erhaltenen Angaben in der Folge nicht genutzt werden.

Von diesem Standpunkt aus sind die Untersuchung des Einflusses der Informationsmenge aus der seismischen Erkundung auf die Ergebnisse der Tiefenerkundung sowie eine Betrachtung der gegenwärtigen Methodik von großem Interesse.

Hinreichend genaue Angaben ermöglichen es, die Erkundungsbohrungen rationell anzuordnen, die Abstände zwischen ihnen richtig festzulegen, die Anzahl der außerhalb der Lager stehenden Bohrungen sowie auch der für die Aufstellung des technologischen Abbauschemas der Lagerstätte notwendigen Bohrungen so gering wie möglich zu halten, den Verlauf des Gas/Wasser- und des Wasser/Erdöl-Kontakts mit geringstem Aufwand zu bestimmen, die Suche nach den Erdölsäumen effektiv durchzuführen sowie den für die Erkundung und die Übergabe der Lagerstätte an den Abbau notwendigen Zeitraum zu verkürzen.

Alles das hat einen großen Einfluß auf die Zuverlässigkeit der Berechnung der Erdöl- und Erdgasvorräte in den Klassen C_2 und C_1 und wirkt sich positiv auf die ökonomische Effektivität des gesamten Such- und Erkundungsprozesses aus.

Dagegen führt ein Fehlen der notwendigen Angaben folglich zu unproduktiven Ausgaben, deren Höhe dem Wert der geophysikalischen Informationen entspricht.

Die Ermittlung dieser Ausgaben bei der Durchführung der geologischen Erkundung gestattet eine Einschätzung der ökonomischen Bedeutung der geophysikalischen Untersuchungen und ihres Einflusses auf die Höhe der Selbstkosten der Vorbereitung von Erdöl- und Erdgasvorräten.

In der Tabelle sind einige Ergebnisse von Arbeiten aufgeführt, die in den Zweiglaboratorien des Ministeriums für Erdölwirtschaft und Gasindustrie der UdSSR für wissenschaftlich-ökonomische Untersuchungen auf dem Gebiet der Suche und Erkundung von Erdöl- und Erdgaslagerstätten durchgeführt wurden. Die Hauptaufgabe dieser Untersuchungen war eine Analyse des Zusammenhanges der Genauigkeit der Ergebnisse der seismischen Erkundung und einiger Kennziffern für die Effektivität der Erkundung von Strukturen mittels Tiefbohrungen.

Die Untersuchung umfaßte einige Erdöl-, Erdgas- und Gaskondensatlagerstätten mit ungestörter Struktur der Turkmenischen SSR, der Kalmykischen ASSR und der Gebiete um Krasnodar, Astrachan, Wolgograd und Kuibyschew. Es handelt sich um Lagerstätten mit weit aushaltenden erdöl-erdgas-führenden Schichten und horizontaler Lage der Kontakte. Die Lager sind schichtförmig oder — bedingt durch einen Strukturfaktor — gewölbt.

Für die Einschätzung der Genauigkeit der Strukturvorbereitung wurde die Größe der horizontalen Projektion (SKIDAN 1965) des mittleren quadratischen Teufenfehlers einer seismischen Karte (σ_{GP}) verwendet, der nach folgender Formel berechnet wird:

$$\sigma_{GP} = \sqrt{\frac{\sum \sigma_B'^2}{n-1}} \cdot \operatorname{ctg} \varphi$$

wobei:

φ — mittlerer Einfallwinkel der Schichten auf der Struktur;

n — Anzahl der Punkte (gleich Anzahl der Bohrungen auf der Fläche), bei denen der Teufenfehler bestimmt wurde;

σ'_B — Teufenfehler im Vergleich mit den Werten aus den Tiefbohrungen, in m.

Als Kennziffern, mit denen der Einfluß der Genauigkeit der Strukturvorbereitung auf die Effektivität der Tiefenerkundung widergespiegelt werden kann, wurden angesehen: die Anzahl der Bohrungen, die infolge der Ungenauigkeit der Werte der seismischen Erkundung außerhalb der Lagergrenzen stehen; die Anzahl der überflüssigen Bohrungen, deren Niederbringen bei Vorliegen genauer Angaben über die Form des Lagers nicht erfolgt wäre; der Zeitraum vom Nachweis der Lagerstätte bis zum Beginn des Abbaus.

Im Ablauf der Untersuchung wurden die Reihenfolge des Niederbringens der Bohrungen und die vorläufigen Annahmen über die Struktur der Lagerstätte, die als Grundlage für den Ansatz jeder Bohrung dienten, geprüft.

Die Methodik der Ermittlung überflüssiger Bohrungen sei an einigen Beispielen veranschaulicht.

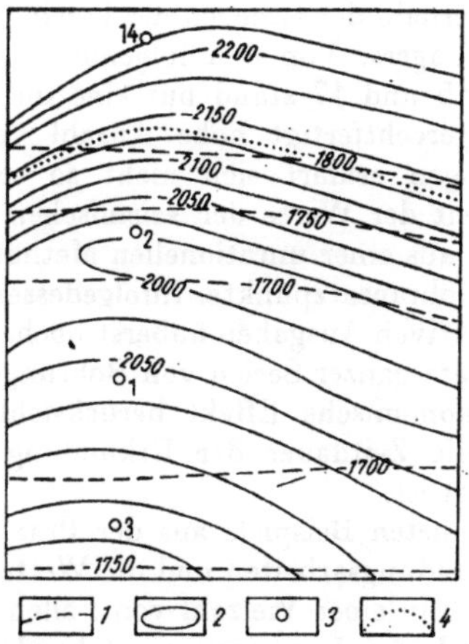

Abb. 1. Vergleichsschema der Werte der seismischen Erkundung und der Tiefbohrungen auf der Fläche Leningradskaja

Isohypsen aus den Werten: 1 – der seismischen Erkundung; 2 – der Tiefbohrungen; 3 – Erkundungsbohrungen; 4 – äußerer Umriß der Gasführung

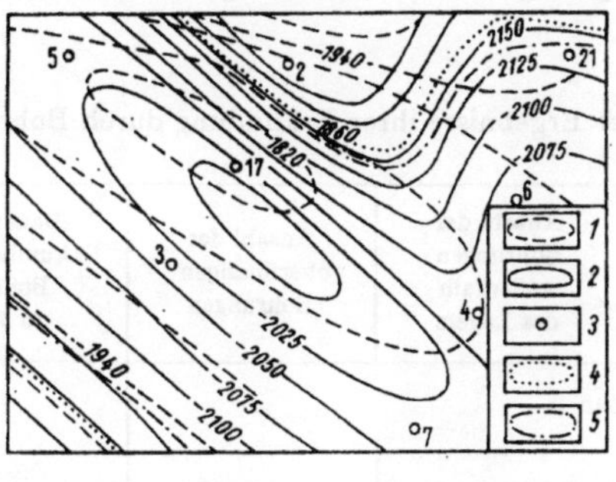

Abb. 2. Vergleichsschema der Werte der seismischen Erkundung und der Tiefbohrungen auf der Fläche Tschelbasskaja

1 bis 3 – s. Abb. 1; 4 – äußerer Umriß der Gasführung; 5 – innerer Umriß der Gasführung

Abb. 1 zeigt einen Ausschnitt aus der Strukturkarte der Lagerstätte Leningrad im westlichen Kuban. Auf der Grundlage der Werte der seismischen Erkundung wurden im Zentralteil der nachgewiesenen Struktur gleichzeitig die Erkundungsbohrungen 1, 2 und 3 niedergebracht. Aus Bohrung 1 ergab sich ein eruptiver Gaszufluß. Die Bohrung 2 führte ebenfalls Gas, traf die produktive Schicht jedoch auf einem höheren Niveau an als die vorhergehende Bohrung 1, die im Scheitel der Struktur angesetzt war. Bohrung 3 stand außerhalb des Gaslagers. Der ermittelte Anstieg der Schichten in nördlicher Richtung wie auch der Fallwinkel des Nordflügels der Struktur entsprechend den Werten der seismischen Konstruktionen dienten als Grundlage für den Ansatz der Bohrung 14. Diese Bohrung stand jedoch weit außerhalb der Lagergrenzen.

Infolge wesentlicher Fehler in den Werten der seismischen Erkundung wurde also in diesem Teil der Struktur die geologische Aufgabe durch vier Bohrungen gelöst, wobei zwei von ihnen außerhalb der Lagergrenzen standen, während bei genauen Angaben über den Verlauf der Struktur die gleiche Aufgabe mit drei Bohrungen hätte gelöst werden können.

Abb. 2 zeigt einen Ausschnitt aus der Strukturkarte der Lagerstätte Tschelbasskaja im westlichen Kuban. Das hier vorliegende Niederbringen einer überflüssigen Bohrung trat auf, nachdem mit einem Profil aus den Bohrungen 2, 17 und 3 eine Vorstellung über den Verlauf der Struktur in ihrem Zentralteil gewonnen wurde. Die Bohrung 4, die – wie aus der Abbildung ersichtlich ist – auf der Grundlage der Werte der seismischen Erkundung niedergebracht wurde, traf die produktive Schicht auf einem tieferen Niveau als erwartet an. Durch diesen Umstand ist der relativ geringe Abstand von dieser Bohrung zum Ansatzpunkt der Bohrung 6 bedingt. Ausgehend vom Verlauf der Struktur entsprechend den Werten der seismischen Erkundung sollte die Bohrung 6 die produktive Schicht in ihrem Randteil

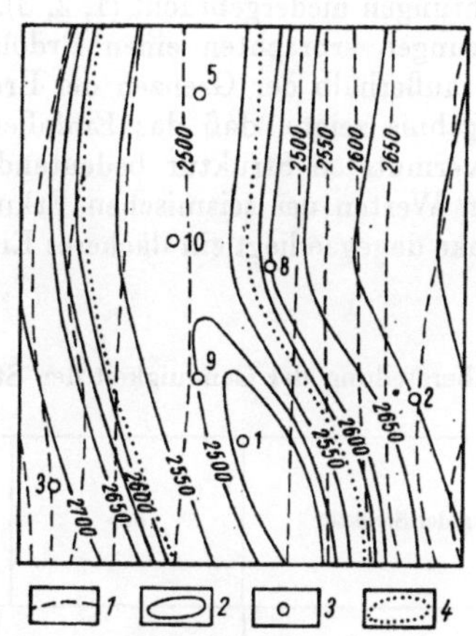

Abb. 3. Vergleichsschema der Werte der seismischen Erkundung und der Tiefbohrungen auf der Fläche Bairam-Ali

1 bis 4 – s. Abb. 1

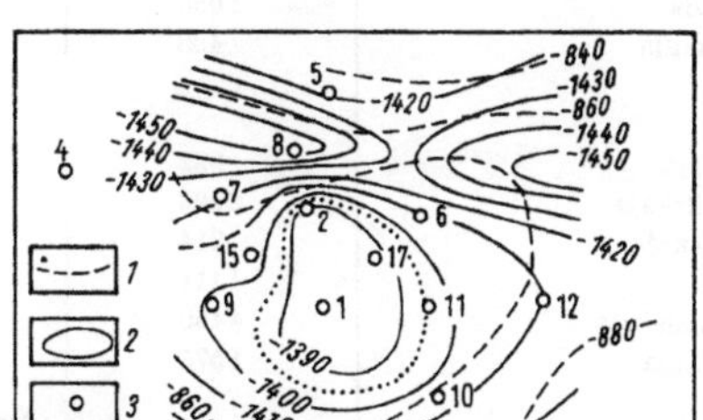

Abb. 4. Vergleichsschema der Werte der seismischen Erkundung und der Tiefbohrungen auf der Fläche Beschkulskaja

1 bis 4 – s. Abb. 1

aufschließen. Infolge von Fehlern der seismischen Konstruktion in diesem Teil der Struktur war es jedoch notwendig, noch eine weitere Bohrung (Nr. 21) zur Umgrenzung des Lagers an dieser Flanke niederzubringen.

Abb. 3 enthält die Werte für die Lagerstätte Bairam-Ali im östlichen Turkmenien. Die Situation, aus der sich die falsche Auswahl des Ansatzpunktes für die Bohrung 8 ergab, entstand zu jenem Zeitpunkt, als aus den Ergebnissen der niedergebrachten Bohrungen 1—5 der Bau und die Umgrenzung des Lagers in allgemeinen Zügen bekannt waren. Entsprechend den Werten der seismischen Erkundung sollte die Bohrung 8 an der östlichen Flanke der Struktur die produktive Schicht in ihrem Randteil aufschließen; wegen der Ungenauigkeit der vorläufigen Werte stand die Bohrung jedoch außerhalb des Lagers.

Abb. 4 gibt eine Gegenüberstellung der Werte der seismischen Erkundung und der tiefen Bohrungen auf der Fläche von Beschkul im Gebiet von Astrachan. Hier wurden genaue Informationen über die Struktur sowohl in der Anfangsperiode der Erkundung des Lagers (bei den Suchbohrungen) als auch im Verlauf ihrer Umgrenzung gewonnen.

Gemäß den Werten der seismischen Erkundung wurden drei Bohrungen niedergebracht (1, 2, 3). Die ersten beiden Bohrungen erbrachten einen Erdölzufluß; die dritte stand außerhalb der Grenzen der Erdölführung. Das Bohrergebnis zeigte, daß das Einfallen der Südflanke der vermuteten Struktur bedeutend steiler ist als nach den Werten der seismischen Erkundung. An der Nordflanke dagegen liegt ein flacheres Einfallen vor. Das Niveau des Wasser/Erdöl-Kontaktes lag zwischen —1390 und —1420 m.

Die Streichrichtung der vermuteten Struktur sowie auch das sehr flache Einfallen ihrer Nordflanke entsprechend den Werten der seismischen Erkundung und der ersten drei Bohrungen dienten als Grundlage für den Ansatz der Bohrungen 4 und 5 zur Umgrenzung sowie der Bohrungen 6, 7 und 9. Alle diese Bohrungen standen außerhalb der Grenzen des bereits früher nachgewiesenen Lagers. Von den folgenden Bohrungen 8, 10, 11, 12, 15 und 17 stand nur eine im Lager. Eine derartig ungerechtfertigt hohe Anzahl von Umgrenzungsbohrungen erklärt sich nicht so sehr aus der Ungenauigkeit der Werte der seismischen Erkundung als vielmehr aus einer unrationellen Methodik der Verteilung der Bohransatzpunkte. Infolgedessen waren hier die unproduktiven Ausgaben äußerst hoch.

Beim Ansatz ganzer Serien von Bohrungen muß also auch der ökonomische Effekt berücksichtigt werden, der durch die Zeitdauer der Erkundung der Lagerstätte bedingt ist.

Die angeführten Beispiele aus der Praxis der geologischen Erkundungsarbeiten und die Werte der Tabelle beweisen, daß in einer Vielzahl von Fällen überflüssige und außerhalb der Lagergrenzen stehende Bohrungen angesetzt werden und damit ein Zeitverlust bei der Lagerstättenerkundung entsteht.

Die durchgeführte Analyse zeigt klar den bestimmenden Einfluß der Genauigkeit der vorläufigen Annahmen über eine Struktur auf die Effektivität der Arbeiten zur Erkundung und Umgrenzung von Erdöl- und Erdgaslagern. Dieser nachgewiesene Zusammen-

Tab. Gegenüberstellung der Genauigkeit der Strukturvorbereitung und der Ergebnisse ihrer Erkundung durch Bohrungen

Bezeichnung der Struktur	σ_{GP}	Gesamtanzahl der Erkundungsbohrungen	Anzahl der Bohrungen außerhalb des Lagers	Anzahl der überflüssigen Bohrungen	Dauer der Erkundung durch Bohrungen, in Jahren
		Westlicher Kuban			
Serdjukowkaja	275	9	–	–	2,0
Beresanskaja	350	11	–	–	2,0
Krylowskaja	300	11	–	–	2,5
Kuschtschewskaja	620	5	1	–	0,7
Tschelbasskaja	800	17	–	2	1,5
Leningradskaja	860	14	2	2	1,5
Kanjewskaja	1060	11	2	1	1,5
Staro-Minskaja	460	11	2	–	2,0
		Turkmenische SSR			
Atschakskaja	922	16	–	–	0,8
Bairam-Aliiskaja	2026	12	3	2	5,0
Scharaplinskaja	214	5	–	–	3,0
Maiskaja	1111	14	1	1	3,0
Saman-Tepinskaja	4450	20	–	1	4,0
Gugurtlinskaja	1575	15	–	–	3,0
		Gebiet um Astrachan, Wolgograd und Kuibyschew			
Beschkulskaja	2090	11	2	4	4,0
Paromnenskaja	648	12	–	–	4,0
Nishne-Dobryninskaja	625	14	–	–	8,0
Melowatowskaja	950	12	–	–	5,0
Lebjashinskaja	456	15	–	–	5,0
Koslowskaja	494	16	2	3	5,0
Jermolinskaja	945	20	–	–	6,0
Keke-Usynskaja	1032	8	–	–	3,0
Dolan-Aldynskaja	11870	8	–	3	3,0

Zeitschrift für angewandte Geologie, Bd. 17 (1971), Heft 1/2

hang kann als Grundlage für eine Berechnungsmethodik des optimalen Umfangs der eingehenden seismischen Erkundungsarbeiten dienen.

Es ist jedoch außerordentlich schwierig, die korrelativen Zusammenhänge zwischen der Genauigkeit der Strukturvorbereitung und einigen Kennziffern für die Effektivität des Prozesses der Lagerstättenumgrenzung zu ermitteln.

Diese Tatsache ist einerseits durch geologische Faktoren bedingt: Die zu untersuchenden Strukturen zeichneten sich durch einen relativ einfachen geologischen Bau, durch unterschiedliche Amplituden und Einfallwinkel, durch einen unterschiedlichen Charakter der produktiven Schichten usw. aus. Das alles beeinflußt ohne Zweifel die Erkundungsmethodik und bedingt ein unterschiedliches Herangehen an die Lösung geologischer Aufgaben.

Einen wesentlichen Einfluß haben andererseits technisch-ökonomische Faktoren: die Anzahl der eingesetzten Bohranlagen, die Erfüllung des Bohrmeterplans usw.

Andererseits ist eine Verbesserung der gegenwärtigen Praxis der Begründung für die Auswahl der Ansatzpunkte der Bohrungen notwendig. Die wichtigsten Voraussetzungen sind hier die Werte über die regionalen mittleren Abstände zwischen den Erkundungsbohrungen und den Profilen sowie auch die allgemeinen Festlegungen über das Erkundungssystem auf Profillinien durch ein Dreiecksnetz usw.

Der grundlegende Mangel besteht im Fehlen jeglicher ökonomischen Begründung für die Zweckmäßigkeit der Anwendung der verschiedenen Systeme.

Die Form der Dokumentation, die von großer Bedeutung für den Ansatz der Bohrungen ist, bedarf einer Überarbeitung. So fehlt z. B. in den komplizierten Berechnungen der Kostenanschläge für das Niederbringen der zukünftigen Bohrung die elementare Berechnung des zu erwartenden Aufschlußniveaus des produktiven Horizonts, obgleich bekannt ist, daß von diesem Aufschlußniveau die Zweckmäßigkeit aller zu tätigenden Ausgaben abhängt.

Die einer Bohrung übertragenen geologischen Aufgaben werden als die Suche und Erkundung von Erdöl- und Erdgasanreicherungen in einem stratigraphischen Bereich bezeichnet.

Eine solche Praxis reduziert die Verantwortlichkeit der die Erkundung leitenden Geologen für die erbrachten Ergebnisse auf ein Minimum und erlaubt auch keine Kontrolle mehr darüber, in welchem Umfang die vorläufigen Informationen aus der seismischen Erkundung, für deren Erhalt ebenfalls beträchtliche Mittel ausgegeben wurden, beim Ansatz der Bohrungen tatsächlich verwendet worden sind.

Die Spezialisierung der geophysikalischen Arbeiten und der Tiefenerkundung mittels Bohrungen — als positiver Faktor in der Entwicklung der Technik und der Technologie dieser Arbeiten — wirkt sich gleichzeitig negativ auf ihre Wechselbeziehung bei der Aufstellung und komplexen Lösung geologischer Aufgaben aus.

In der gegenwärtigen Etappe der Entwicklung der geologischen und ökonomischen Wissenschaften ist es schwerlich möglich, sich nur auf rein intuitive Überlegungen der Geologen zu beschränken, die — wenn auch fußend auf einer großen Erfahrung — trotzdem willkürliche Elemente nicht ausschließen können. Es ist notwendig, in breiterem Umfang die modernen Erkenntnisse der verschiedenen Zweige der Mathematik (Operationstheorie, Spieltheorie, statistische Entscheidungen usw.) für eine besser begründete und effektivere Nutzung der hohen Ausgaben an materiellen Mitteln und an Arbeit in der Erdöl-Erdgas-Geologie anzuwenden.

Literatur

DUNAJEW, W. F.: Ein ökonomisch-mathematisches Modell der detaillierten seismischen Erkundung. — Neftegasowaja geologija i geofisika, Nr. 4 (1967).

— Über die ökonomische Bewertung der Ergebnisse der seismischen Erkundung. — Neftegasowaja geologija i geofisika, Nr. 8 (1968).

MILOWIDOW, K. N.: Über die Grundsätze der Bewertung der ökonomischen Effektivität von bohrlochgeophysikalischen Untersuchungen. — Ekonomika neftedobywajuschtschei promyschlennosti, Nr. 10 (1967).

SKIDAN, S. A.: Über die Genauigkeit seismischer Karten. — Prikladnaja geofisika, wyp. 46, Verl. Nedra, Moskau 1965.

Der Einfluß der Sicherheit reflexionsseismischer Horizonte auf die Dichte der Messungen

DIETRICH OPITZ, Leipzig

Die Sicherheit eines reflexionsseismischen Horizonts in einem Profil wird wesentlich durch den relativen und absoluten Teufenfehler bestimmt, den der konstruierte Horizont aufweist. Der Teufenfehler ergibt sich durch Anwendung des Fehlerfortpflanzungsgesetzes aus den Fehlern der Laufzeitbestimmung, der Geschwindigkeit und eventuell aus Mängeln bei der unzureichenden Anwendung der Brechungsgesetze.

Im folgenden sei davon ausgegangen, daß geeignete Methoden den Teufenfehler des Horizonts im Profil an beliebigen Stellen des Horizonts liefern mögen (z. B. durch Feststellen der Anschlußfehler an Profilkreuzungen, wie bei PUSYREW).

Er sei mit m_z bezeichnet. Dies gilt speziell für Profile, die senkrecht zum Streichen verlaufen (Erkundungsprofile). Treten Abweichungen von dieser Richtung auf, so ist mit Lateraleffekten zu rechnen, die korrigiert werden müssen.

Eingang des Manuskripts in der Redaktion: 16. 6. 1970.

Ist eine Unterscheidung von Erkundungsprofilen und Korrelationsprofilen (im Streichen) möglich, so hat der Horizont in Richtung der Erkundungsprofile eine Neigung. Jeder in die Kartenebene projizierte Horizontpunkt eines Erkundungsprofils beinhaltet den Teufenfehler und bedingt in der Profilrichtung ein Streckenintervall, in dem die gleiche Teufe möglich ist. Das gilt insbesondere für die Teufen des Horizonts, die als Tiefenlinien in die Karte übertragen werden sollen. Das Intervall kann beschrieben werden, wenn $\tan \varrho = a$, mit

$$\Delta x = m_z / a \qquad (1)$$

und ist als beidseitiger Bereich, also $\pm \Delta x$, anzusetzen.

Nimmt man an, daß in ausreichender Nähe des Teufenpunkts auf dem Kartenprofil durch geeignete Messungen (z. B. Querschüsse) die Streichrichtung ermittelt wurde, so liegt die Durchgangsrichtung der zu zeichnenden Tiefenlinie entsprechend den Meßergebnissen fest. Das bedeutet jedoch, daß auch diese fehlerbehaftet sein wird. Die Durchgangsrichtung deutet gleichzeitig an, inwieweit das Erkundungsprofil von der Senkrechten zum Streichen abweicht. Der Winkel zwischen Erkundungsprofil und Streichen sei mit α bezeichnet und beträgt im Idealfall 90°.

Man stelle sich nun — vereinfacht — zwei parallele Erkundungsprofile vor, auf denen eine als Tiefenlinie darzustellende Teufe an je einer Stelle beider Profile einschließlich der gemessenen Streichrichtung markiert sei. Dann wird die Tiefenlinie einmal vom Profil 1, beginnend in der gemessenen Streichrichtung, beginnen müssen, zum anderen entgegengesetzt vom Profil 2 in der dort gemessenen Streichrichtung. Fallen die geradlinigen Verlängerungen nicht zusammen, so muß ein Ausgleich durch entsprechende Krümmung der Tiefenlinie angestrebt werden.

Je weiter man sich beim Zeichnen der Tiefenlinie vom Profil entfernt, desto größer wird die Unsicherheit, daß die gezeichnete Tiefenlinie der wahren Tiefenlinie entspricht. Bereits auf dem Profil war ein Fehler von Δx vorhanden. Mißt man außerhalb des Profils den Tiefenlinienfehler parallel zur Profilrichtung, so muß infolge der zunehmenden Unsicherheit, die durch den Fehler der Streichrichtung hervorgerufen wird, auch dieser Tiefenlinienfehler zunehmen.

Aus Regressionsbetrachtungen und durch Anwendung der Methode der kleinsten Quadratsummen läßt sich nachweisen, daß die Fehlerzunahme im Abstand y vom Profil einem hyperbolischen Gesetz folgt. Es lautet

$$m^2_T(y) = (\Delta x)^2 + y^2 \cdot 2 \cdot m_t^2 \cdot \frac{1}{\Delta T_1^2} \cdot \frac{\Delta T_1^2 + \Delta T_2^2}{\Delta T_1^2} \qquad (2)$$

Dabei bedeuten:

$m_T(y)$ — Tiefenlinienfehler im Abstand y vom Profil,
m_t — Laufzeitfehler im Bereich des Tiefenlinienpunkts auf dem Profil,
ΔT_1 — gemessene Laufzeitdifferenz in Profilrichtung zur Bestimmung der Streichrichtung.

Auf dem Profil ($y = 0$) ist also der kleinstmögliche Fehler zu verzeichnen. Das gilt für das Profil 1 wie auch das Profil 2. Von beiden Profilseiten her umschließen Hyperbeläste die vermutlich gültige Tiefenlinie. Wird eine Bemessung des Fehlerbereichs mit dem einfachen Fehler als ausreichend angesehen — das entspräche einer Aussagesicherheit von etwa 62—68% —, so müßte mit dieser Sicherheit die Tiefenlinie in dem von den Hyperbelästen eingeschlossenen Raum verlaufen. Bei gleichem Teufenfehler in beiden Profilen müßte der größte Abstand zwischen den Hyperbelästen in der Mitte zwischen beiden Profilen liegen. Sind unterschiedliche Fehler in den Profilen zu verzeichnen, verschiebt sich dieser größte Abstand nach der Seite des Profils, dessen Ergebnisse unsicherer sind.

Dieser größte Abstand kann als Charakteristikum für die Genauigkeit der Tiefenlinie zwischen den beiden Profilen angesehen werden, er ergibt sich aus den Meßfehlern.

Kehrt man den beschriebenen Zusammenhang zwischen den Tiefenlinienfehlern im Profil und dem Tiefenlinienfehler zwischen den Profilen um, indem man von einem zulässigen Tiefenlinienfehler zwischen den Profilen ausgeht, so ergibt sich entweder bei Vorgabe einer bestimmten Entfernung zum Profil der auf dem Profil zulässige Tiefenlinienfehler und damit auch Teufenfehler oder, bei Vorgabe des im Profil tatsächlich vorliegenden Teufenfehlers, der Abstand der Erkundungsprofile durch Verdopplung der zugehörigen Größe y. Der zweite Fall ist der für die Praxis interessantere. Es ergibt sich folgender Zusammenhang für den Abstand der Erkundungsprofile:

$$a_0 = \sqrt{2} \cdot \sin\alpha \cdot \cos\delta \cdot \frac{\Delta T_1}{m_t} \cdot s_x$$

wobei $$\cos\delta = \sqrt{1 - \left(\frac{\Delta x}{s_x}\right)^2} \sim \sqrt{1 - \left(\frac{m_z}{m_z(y)}\right)^2}$$

Hierbei bedeuten:

α — Winkel zwischen Profil und Streichrichtung,
ΔT_1 — Laufzeitdifferenz des Seismogramms in Profilrichtung (benutzt zur Ermittlung der Streichrichtung),
m_t — Laufzeitfehler (zufällig),
Δx — Tiefenlinienfehler im Profil,
s_x — zulässiger Tiefenlinienfehler zwischen den Profilen,
m_z — Teufenfehler im Profil,
$m_z(y)$ — zulässiger Teufenfehler zwischen den Profilen.

Da ΔT_1 ein Charakteristikum für die Neigung des Horizonts ist (speziell im Falle $\alpha = 90°$), nimmt der mögliche Abstand der Erkundungsprofile mit dem Zurückgehen des Laufzeitfehlers zu. Nimmt Δx bzw. m_z ab (wesentlich abhängig vom Geschwindigkeitsfehler), so wächst $\cos\delta$ und damit der mögliche Abstand der Erkundungsprofile. Nimmt jedoch Δx bis zur zulässigen Grenze s_x zu, so geht a_0 bis auf 0 zurück. Das bedeutet, daß der Fehler im Profil so groß ist, daß die Messungen wiederholt werden müssen, um die Forderung s_x zu befriedigen.

Sind die Messungen im Profil mit so geringen Fehlern behaftet, daß die zulässige Fehlergrenze s_x zwischen den Profilen nicht erreicht wird, so kann unter Einhaltung der geforderten Qualität (ausgedrückt im zulässigen Fehler) der Abstand der Profile erweitert werden. Das bedeutet, daß bei Einhaltung der geforderten Qualität der Meßaufwand absinkt.

Zeitschrift für angewandte Geologie, Bd. 17 (1971), Heft 1/2

Zur praktischen Anwendung der dargestellten Zusammenhänge wäre es erforderlich, Normative für die Größe s_x zu schaffen. s_x ist also der zulässige Fehler der Tiefenlinie zwischen den Profilen. Hierfür können folgende Kriterien maßgeblich sein (die Angaben erheben keinen Anspruch auf Vollständigkeit):

1. die Neigung des Horizonts und damit die mögliche Darstellung in Tiefenlinien bzw. die notwendige Darstellung;

2. die unterschiedliche Kompliziertheit von Strukturzonen;

3. das geologische „Stockwerk", also z. B. Mesozoikum, Zechstein usw., für das auf Grund seiner Entfernung von der Oberfläche und der Verhältnisse im Deckgebirge unterschiedliche Forderungen gestellt werden müssen;

4. die Aufgabenstellung bzw. das zu erreichende Ergebnis der Untersuchung (z. B. Übersichtsmessung, Spezialmessung verschiedenen Aussagegrads).

Die unter Berücksichtigung solcher Kriterien festzulegenden Fehlernormative sind Fehlerobergrenzen bzw. maximal zulässige Fehler. Dabei wird man von bestimmten Grundgrößen ausgehen müssen, die bei der Spezifizierung z. B. gemäß unterschiedlicher Aufgabenstellung über die z-Werte der Normalverteilung abgewandelt werden entsprechend der Vorgabe einer bestimmten Sicherheit der Fehleraussage.

Das Problem von Horizontunterbrechungen mit daraus folgendem Ausfall von Tiefenlinien bedarf einer besonderen Behandlung und kann mit der Kompliziertheit der Strukturzonen zusammenhängen. Sieht man von diesem letztgenannten Problem zunächst ab, so scheint es auf dem beschriebenen Wege möglich zu sein, durch die Anlage der Profile und die Beeinflussung der Qualität der Profilergebnisse (Teufenfehler) die Qualität des Gesamtergebnisses quantitativ zu fassen.

Zur Festlegung der Fehlernormative (s_x oder $m_z(y)$) können ohne weiteres die Überlegungen von PUSYREW[1] zur Wahl des Isolinienabstands mit herangezogen werden, obwohl bei PUSYREW mathematische Vereinfachungen vorgenommen wurden, die hier ausdrücklich vermieden werden. Der Grund hierfür liegt in den Zielsetzungen: dort, den möglichen Isolinienabstand zu ermitteln bei gegebener Profilanlage, hier, den möglichen Abstand der Profile bei gegebener geologisch-geophysikalischer Situation zu ermitteln.

[1]) M. N. PUSYREW: Interpretation geophysikalischer Ergebnisse, Kap. 10 – Übersetzung Ü 650-10, VEB Geophysik Leipzig.

Zur fluviatilen Gerölleinregelung

GERHARD KATZUNG, Berlin

(Mitteilung aus dem Zentralen Geologischen Institut)

1. Einleitung

Sedimentologische Untersuchungen haben in den letzten Jahrzehnten einen immer breiteren Raum bei feldgeologischen Arbeiten eingenommen, letztlich in dem Bestreben, exaktere Angaben über Anlage und Entwicklung der Sedimentationsräume zu erhalten (vgl. POTTER & PETTIJOHN 1963). In diesem Rahmen hat sich die Transportrichtungsanalyse — aufbauend auf den Arbeiten von RUEDEMANN (1897), JOHNSTON (1922), RICHTER (1932), BRINKMANN (1933), FORCHE (1935), WADELL (1936), CAILLEUX (1938), KRUMBEIN (1939), INGERSON (1940), RICH (1950) und KUENEN (1953) — als Teilgebiet der Sedimentologie herausgebildet und „durch messende Beobachtung und statistische Auswertung" (BRINKMANN 1933, S. 11) als eine ganz wesentliche Grundlage für paläogeographische und paläotektonische Interpretationen erwiesen.

Ausgehend von der Erkenntnis, daß die an der Erdoberfläche aktiven geologischen Kräfte nicht schlechthin Verlagerung und Absatz von Gesteins- und Mineralfragmenten — die Bildung von Sedimentkörpern — bewirken, sondern auch deren mehr oder weniger markante Gefügeanisotropie erzeugen, wird aus den Gefügebildern gröber- und feinerklastischer Ablagerungen auf Richtung und Intensität der Strömung der transportierenden-sedimentierenden Medien u. a. exogene sowie endogene Faktoren geschlossen. Während die Sedimentstrukturen (Schrägschichtung, Rippelmarken, Sohlenmarken, Gleitstrukturen) der Psammite eine schnellere und oft auch sicherere Aussage als deren Korngefüge erlauben, gibt in Psephiten in erster Linie die Orientierung der Einzelkomponenten über die vormalige Schüttungsrichtung Auskunft. Kiese (bzw. Konglomerate) und Moränen (bzw. Tillite) sind in dieser Hinsicht — auch durch Verbesserung der Meßmethodik (WADELL 1936; HOLMES 1941; KALTERHERBERG 1956; LÜTZNER 1964) — mit Erfolg untersucht worden.

Eingang des Manuskripts in der Redaktion: 30. 7. 1970.

2. Bisherige Untersuchungen und Aufgabenstellung

Für quantitativ-statistische Auswertungen der Geröllorientierung von i. w. S. fluviatilen Schottern und Konglomeraten wird sowohl die Streichrichtung stengliger als auch die seit langem (JAMIESON 1860) als Dachziegellagerung (imbrication) bekannte Neigung plattiger Gerölle gegen die Strömung erfaßt. Gestreckte Komponenten sind mit ihren längsten Achsen entweder senkrecht (FRASER 1935; PICARD 1949; LANE & CARLSON 1954; JOHANSSON 1960, 1963; KÜRSTEN 1960; DOEGLAS 1962 u. a.) oder parallel und senkrecht (RICHTER 1933, 1936; LUNDQVIST 1948; KALTERHERBERG 1956; UNRUG 1957; ERIKSSON 1960; JOHANSSON 1960, 1963; SCHIEMENZ 1960 u. a.), untergeordnet auch vorherrschend parallel (KRUMBEIN 1939; KOPSTEIN 1954; SCHLEE 1957 u. a.) zur Strömung eingeregelt, so daß zwei bzw.

Tab. 1. Fließrichtungen und Strömungsrichtungen

Diagramm-Nr.	Fließrichtung	Strömungsrichtung: 1. nach der Lage der Maxima und dichter besetzten Felder					Strömungsrichtung: 2. auf Grund der Azimutalverteilung der Achsen					Differenz**) zwischen 1 und 2				
		a-Achsen	*b*-Achsen	*a*- u. *b*-Achsen	*c*-Achsen	Mittel	*a*-Achsen	*b*-Achsen	*a*- u. *b*-Achsen	*c*-Achsen	Mittel	*a*-Achsen	*b*-Achsen	*a*- u. *b*-Achsen	*c*-Achsen	Mittel
0-232	264°	269°	261°	274°	271°	269°	255°	273°	260°	273°	265°	−14°	+12°	−14°	+2°	−4°
0-233	208°	208°	216°	210°	210°	211°	217°	209°	212°	224°	216°	+9°	−7°	+2°	+14°	+2°
0-234	346°*)	4°	357°	4°	2°	2°	6°	355°	359°	0°	0°	+2°	−2°	−5°	−2°	−2°
0-235	208°	215°	206°	209°	209°	210°	220°	195°	209°	205°	207°	+5°	−11°	±0°	−4°	−3°

*) Verlauf des Bachbettes
**) + = Abweichung der mittleren Azimutalverteilung im Uhrzeigersinn („nach rechts")
− = Abweichung gegen den Uhrzeigersinn („nach links")

vier gegeneinander um 180° bzw. 90° versetzte Strömungsrichtungen in Betracht zu ziehen sind. Demgegenüber gestattet die Orientierung flacher Komponenten infolge der luvseitigen Neigung ihrer größten (*ab*-)Querschnittsflächen — horizontale Schichtung und dichte Geröllpackung sowie eine nicht zu große Sedimentationsrate vorausgesetzt — eine sichere Angabe der Bewegungsrichtung (CAILLEUX 1945; KRUMBEIN 1939, 1940, 1942; WHITE 1952; KALTERHERBERG 1956; SCHLEE 1957; UNRUG 1957; POTTER & PETTIJOHN 1963 u. a.).

Bei allen Ausdeutungen wird unterstellt, daß sich die Vektorensysteme des Fließvorgangs direkt im Gefüge abbilden (vgl. SANDER 1930) und deren Hauptmaxima der Hauptbewegung des sedimentierenden Mediums unmittelbar zugeordnet werden können. Für die ganz überwiegende Mehrzahl der aus der Literatur bekannt gewordenen Diagramme dürfte das ohne weiteres zutreffen. Die Lage der Maxima läßt hier keine Zweifel an der Kongruenz von Strömung und Ausrichtung der Achsen.

Außer diesen sicher zu interpretierenden und ohne weiteres verwertbaren rhombischen und monoklinen Einregelungsgefügen treten schwer zu deutende trikline Typen auf. Solche asymmetrischen Achsenverteilungsbilder sind u. a. von LUNDQVIST (1948), KALTERHERBERG (1956) und vom Verfasser (KATZUNG 1968) abgebildet und beschrieben worden. Sie waren der Anlaß, der Frage nach der Beziehung zwischen Gefüge und Fließvorgang nachzugehen.

Im südöstlichen Thüringer Wald bot sich Gelegenheit, an rezentem fluviatilem Material zu überprüfen,

1. welche Gefügetypen in diesen speziellen Fällen erzeugt werden,
2. inwieweit sich bekannte Fließrichtung und Symmetrieebene des Gefüges decken,
3. wie sich das Gefälle auf die Gefügeregelung auswirkt.

3. Auswahl der Meßpunkte

Als für die Vermessung günstig erwiesen sich zwei zu niederschlagsarmen Zeiten nahezu trockene Erosionskerben bei Manebach und ein während der Sommermonate infolge Versickerung wasserarmes schmales Bachbett im Fehrengrund bei Masserberg.

Das Bachbett im Fehrengrund ist 30 bis 40 cm breit. Die holozänen Schotter bestehen aus den Komponenten eines restlos aufgearbeiteten unterpermischen Konglomerats. Die Phyllit- und Tonschiefergerölle sind mittelmäßig gerundet (CAILLEUXscher Zurundungsindex um 200).

Bei Manebach wurde der Wasserriß südöstlich Helenensruhe auf 80 cm, der am Nordhang des mittleren Moosbachgrunds auf 30 cm Breite von Wasser durchflossen. Der Schutt setzt sich ausschließlich aus den am Hang oberhalb ausstreichenden Tuffen und Sedimenten zusammen. Die Komponenten sind nicht gerundet.

Die Wasserläufe sind unterschiedlich in Fließrichtung, die Sohle desjenigen südöstlich Helenensruhe außerdem schwach seitlich geneigt (vgl. Tab. 3). Ausgewählt wurden Bereiche im mittleren Abschnitt von mindestens 5 m langen, geraden Strecken mit hoher Packungsdichte und ohne größere Blöcke sowie sonstige die Strömung ablenkende Hindernisse. Vermessen wurden alle plattigen bis flachstengligen Gerölle von 5 bis 20 cm Größe, die an der Oberfläche des akkumulierten Schuttes sichtbar waren.

Tab. 2. Abweichungen der Strömungsrichtungen von den Fließrichtungen

Diagramm-Nr.	Lage der Maxima und dichter besetzten Felder: *a*-Achsen	*b*-Achsen	*a*- u. *b*-Achsen	*c*-Achsen	Mittel	Azimutalverteilung der Achsen: *a*-Achsen	*b*-Achsen	*a*- u. *b*-Achsen	*c*-Achsen	Mittel
0-232	+5°	−3°	+10°	+7°	+5°	−9°	+9°	−4°	+9°	+1°
0-233	±0°	+8°	+2°	+2°	+3°	+9°	+1°	+4°	+16°	+8°
0-234	+18°	+11°	+18°	+16°	+16°	+20°	+9°	+13°	+14°	+14°
0-235	+7°	−2°	+1°	+1°	+2°	+12°	−13°	+1°	−3°	−1°

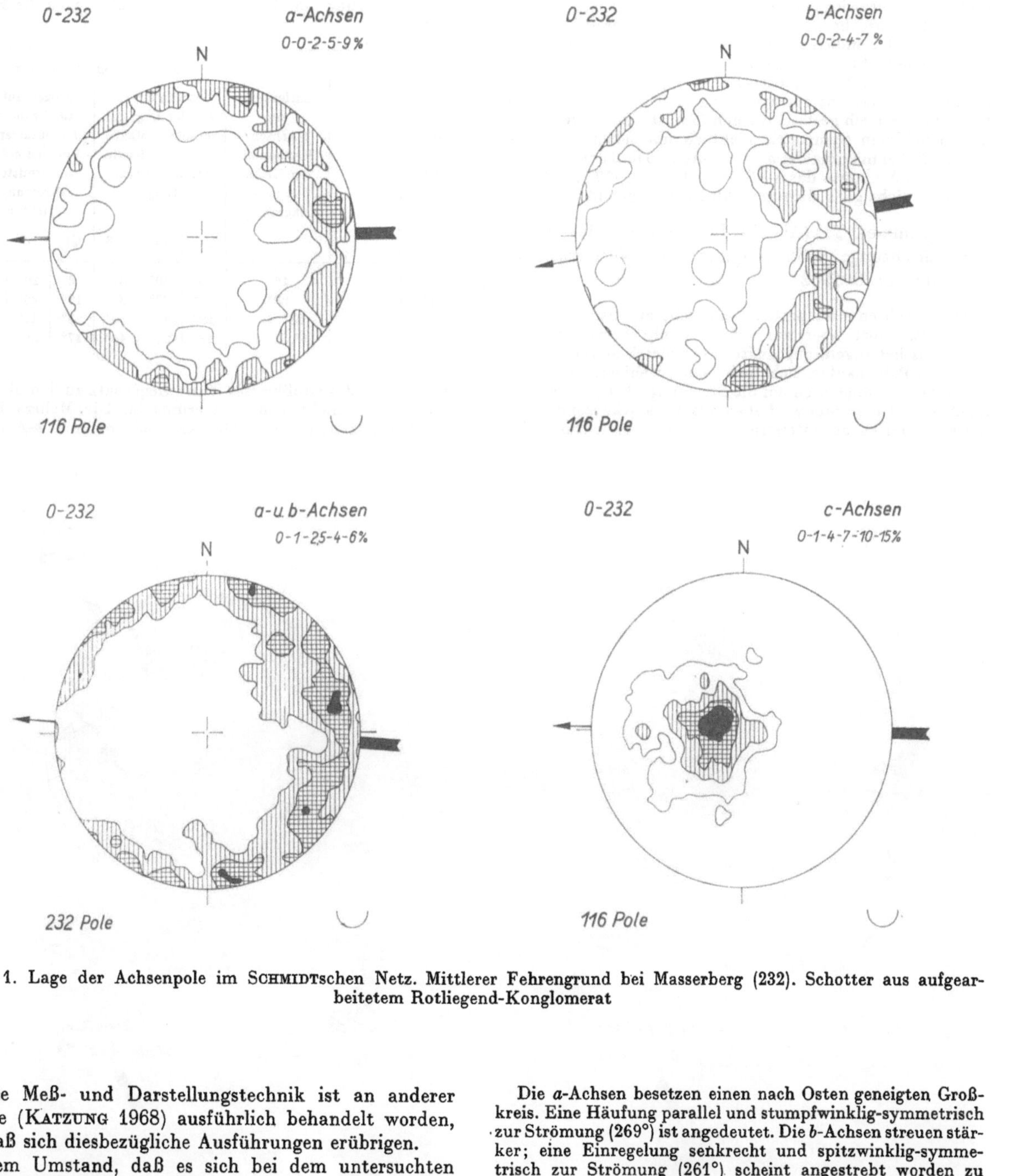

Abb. 1. Lage der Achsenpole im SCHMIDTschen Netz. Mittlerer Fehrengrund bei Masserberg (232). Schotter aus aufgearbeitetem Rotliegend-Konglomerat

Die Meß- und Darstellungstechnik ist an anderer Stelle (KATZUNG 1968) ausführlich behandelt worden, so daß sich diesbezügliche Ausführungen erübrigen.

Dem Umstand, daß es sich bei dem untersuchten Schutt um kurzlebige Ablagerungen im Erosions- und Denudationsgebiet handelt, wird hinsichtlich der Allgemeingültigkeit der Aussagen keine Bedeutung beigemessen.

4. Beschreibung der Gefügediagramme

In den Abb. 1 bis 4 ist die Verteilung der *a*-, *b*-, *a*- und *b*- sowie *c*-Achsen an den vier Meßpunkten für die der LAMBERTschen Projektion (SCHMIDTsches Netz) zugrunde liegende untere Halbkugel wiedergegeben.

Diagramme 0-232 (Abb. 1): 116 Gerölle; a: 5—20 cm. Fließrichtung: 264°. Neigung: 5°. Vermessen am 23. und 24. 6. 1962.

Die *a*-Achsen besetzen einen nach Osten geneigten Großkreis. Eine Häufung parallel und stumpfwinklig-symmetrisch zur Strömung (269°) ist angedeutet. Die *b*-Achsen streuen stärker; eine Einregelung senkrecht und spitzwinklig-symmetrisch zur Strömung (261°) scheint angestrebt worden zu sein. Die *a*- und *b*-Achsen ergänzen sich zu einem recht einheitlichen Großkreis; aus der Lage der Maxima ergibt sich eine Strömung nach 274°. Die *c*-Achsen konzentrieren sich etwa um den zugehörigen Pol (Strömungsrichtung: 271°). Durch eine partiell asymmetrische Gruppierung — besonders das *c*-Achsen-Maximum, aber auch das der Symmetrieebene benachbarte 5—9%-Feld der *a*-Achsen und die kleineren 4—7%-Felder der *b*-Achsen — ist die Tendenz zu triklinem Gefüge unverkennbar.

Diagramme 0-233 (Abb. 2): 112 Gerölle; a: 5—20 cm. Fließrichtung: 208°. Neigung 8°. Vermessen am 30. 6. und 1. 7. 1962.

Die *a*-Achsen streuen auf einem uneinheitlichen, nach NE eintauchenden Großkreis. Bis auf das in der Strömung (208°) liegende kleine Maximum ist keine bevorzugte Orientierung abzulesen. Die *b*-Achsen sind relativ besser geregelt, und zwar vorwiegend spitzwinklig-symmetrisch, untergeordnet senkrecht zur Strömung (216°). Der *a*-*b*-Achsen-Großkreis ist ziemlich geschlossen; das Hauptmaximum gestattet eine recht genaue Festlegung der Strömungsrichtung (210°). Das von den *c*-Achsen-Polen eingenommene Feld ist annähernd senkrecht zur Strömung (210°), aber ganz deutlich asymmetrisch gestreckt. Auch hier ist eine Erniedrigung der monoklinen Symmetrie nicht zu übersehen: So fügen sich die Nebenmaxima der *a*- und *b*-Achsen und der *b*-Achsen, das Maximum sowie das 4—7%- und das 7—10%-Feld der *c*-Achsen nicht ganz dem monoklinen Gefügebild ein.

Diagramme 0-234 (Abb. 3): 110 Gerölle; a: 10—20 cm. Fließrichtung: 346°. Neigung: 17°. Vermessen am 16. und 17. 6. 1962.

Die *a*-Achsen sind partiell senkrecht zur Strömung (4°) orientiert, sonst aber auf einem wenig hervortretenden Großkreis heterogen, angedeutet asymmetrisch verteilt. Die *b*-Achsen-Pole häufen sich mehr oder weniger, aber auch keineswegs symmetrisch um die Strömung (357°). Durch das *a*-*b*-Achsen-Diagramm wird ebenfalls das starke Pendeln um die Großkreisebene unterstrichen (Strömungsrichtung: 4°);

Tab. 3. Neigung der Gerölle (*ab*-„Ebenen") gegen die Horizontale

Dia-gramm-Nr.	Fließ-gefälle	Entfernung des *c*-Achsen-Maximums vom Mittelpunkt des Diagramms	Einfallen der *ab*-„Ebenen": bezogen auf die aus der Lage des *c*-Achsen-Maximums ermittelte Strömungsrichtung			Einfallen der *ab*-„Ebenen": bezogen auf die auf Grund der Azimutalverteilung der *c*-Achsen ermittelte Strömungsrichtung		
			Q 1	*M*	*Q* 3	*Q*1	*M*	*Q* 3
0-232	5°	15°	9°	20°	34°	8°	20°	34°
0-233	8°	28°	17°	28°	37°	18°	29°	38°
0-234	17°	28°, 48°	22°	44°	59°	23°	44°	58°
0-235	13°	25°, 38°, 45°	18°	33°	44°	17°	32°	53°

die Neigung des Großkreises ist im Gegensatz zu den übrigen Diagrammen nicht sicher zu ermitteln. Die Mehrzahl der um den angenommenen Großkreispol (*a*- und *b*-Achsen)

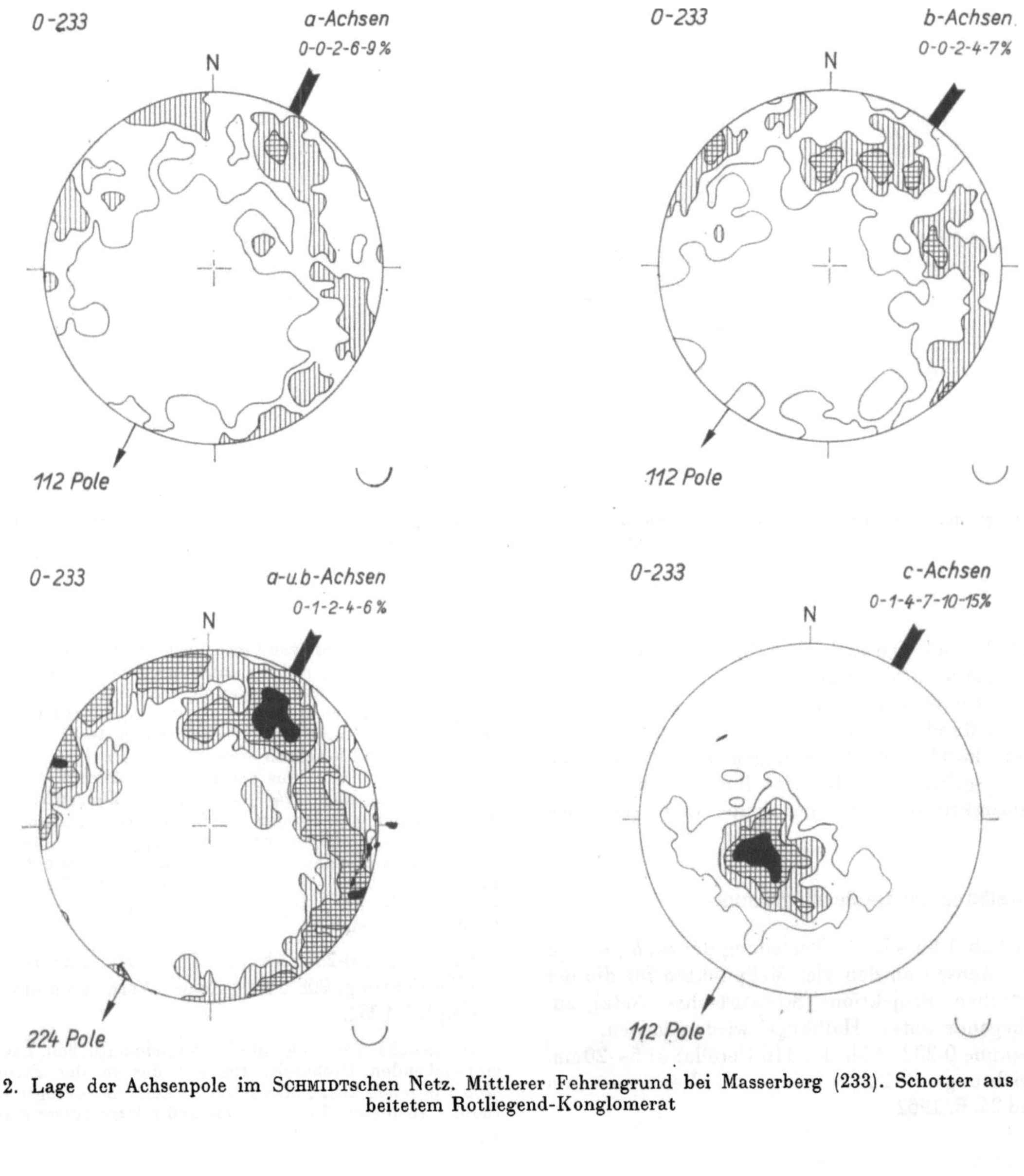

Abb. 2. Lage der Achsenpole im SCHMIDTschen Netz. Mittlerer Fehrengrund bei Masserberg (233). Schotter aus aufgearbeitetem Rotliegend-Konglomerat

Zeitschrift für angewandte Geologie, Bd. 17 (1971), Heft 1/2

relativ weit streuenden *c*-Achsen ist auf ein in der Strömung (2°) gestrecktes Feld (5—7%) konzentriert; das kleinere Maximum liegt westlich der Symmetrieebene.

Diagramme 0-235 (Abb. 4): 123 Gerölle; a: 10—20 cm. Fließrichtung: 208°. Neigung: 13°. Vermessen am 13. und 15. 6. 1962.

Gegenüber den unmittelbar zuvor besprochenen sind diese Diagramme wieder besser geregelt. Die *a*-Achsen besetzen einen nach NE eintauchenden Großkreis etwas ungleichmäßig. Das trifft auch für die *b*-Achsen zu. Erstere sind bevorzugt parallel und stumpfwinklig-symmetrisch, letztere senkrecht und spitzwinklig-symmetrisch zur Strömung (215° bzw. 206°) orientiert. Der *a*-*b*-Achsen-Großkreis ist einheitlicher belegt (Strömungsrichtung: 209°). Eine schwach asymmetrische Verteilung wird bei allen drei Diagrammen durch das Übergewicht der Pole im SE angedeutet. Das *c*-Achsen-Diagramm stimmt damit überein; die senkrecht zur Strömung (209°) pendelnden *c*-Achsen bilden westlich der Symmetrieebene ein kräftiges Maximum.

5. Ergebnisse

Gefügetypen

Es wurden — im Gegensatz zu den vom Verfasser aus unterpermischen Konglomeraten beschriebenen Typen (Katzung 1968) — keine rein monoklinen Verteilungsbilder beobachtet. Weiterhin fällt auf, daß die *a*-Achsen und die *b*-Achsen beträchtlich um die jeweilige Großkreisebene streuen und meist keine bevorzugte Regelung dieser Achsen parallel oder senkrecht zur Strömung sichtbar wird.

Diese Gefüge können wie folgt typisiert werden:

1. Nicht streng symmetrische, schwach nach triklin tendierende Gefüge bei mehr oder weniger geradem Flußverlauf und ausschließlich in Fließrichtung geneigter Unterlage.

Die *a*- und *b*-Achsen sind lose auf einem gegen die Strömung geneigten Großkreisgürtel verteilt. Die mehr senkrecht als parallel zur Strömung pendelnden *c*-Achsen deuten

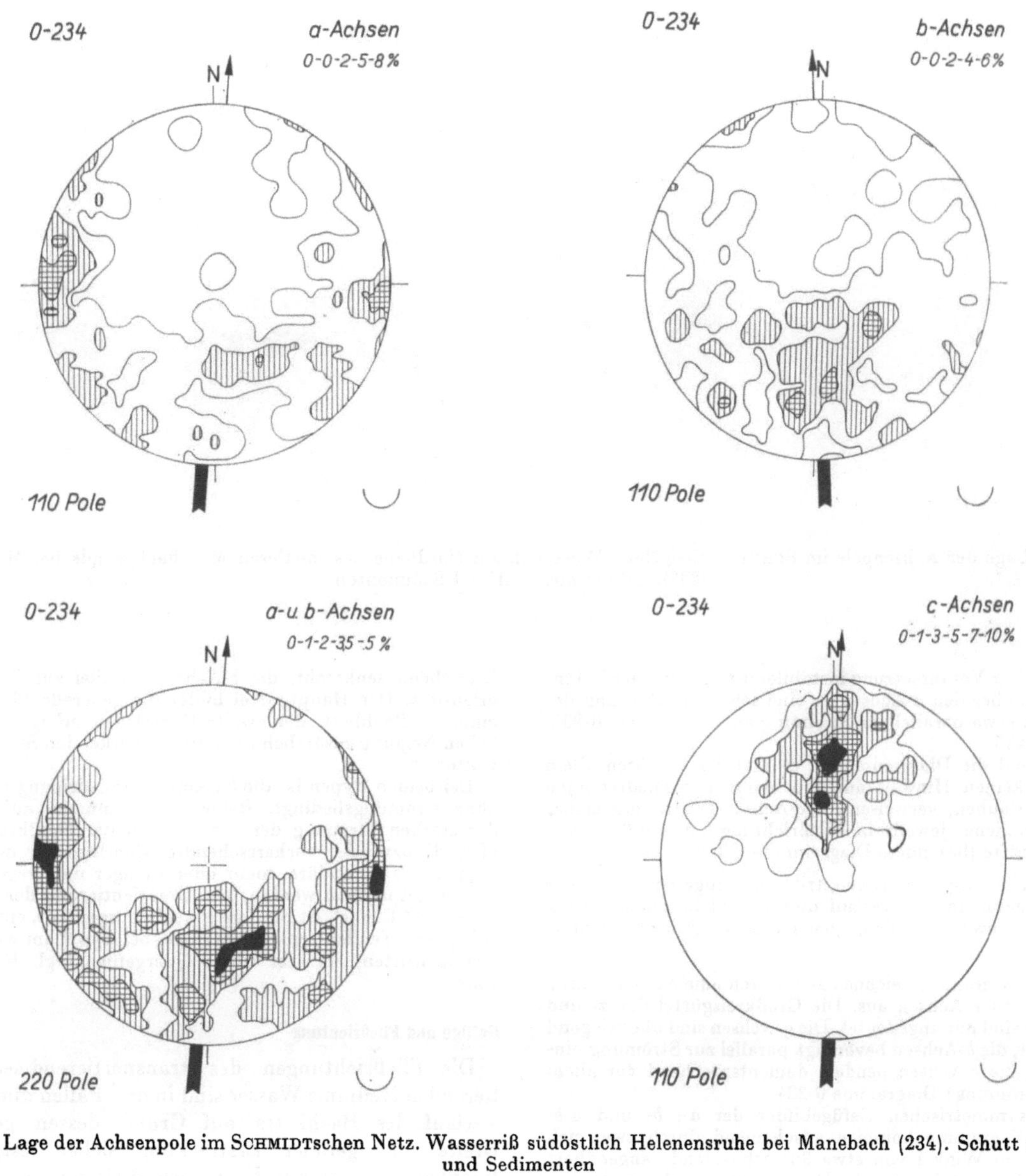

Abb. 3. Lage der Achsenpole im Schmidtschen Netz. Wasserriß südöstlich Helenensruhe bei Manebach (234). Schutt aus Tuff und Sedimenten

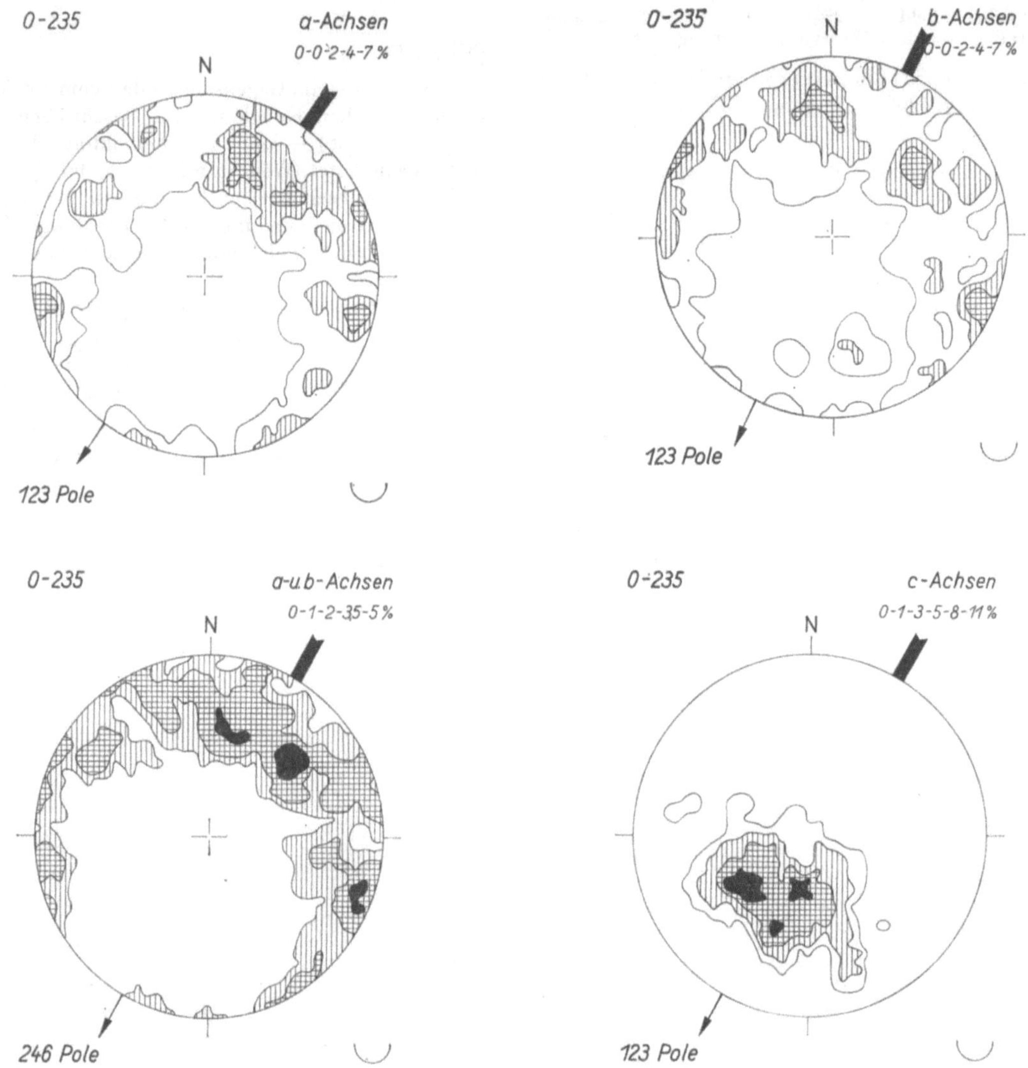

Abb. 4. Lage der Achsenpole im SCHMIDTschen Netz. Wasserriß am Nordhang des mittleren Moosbachgrunds bei Manebach (235). Schutt aus Tuff und Sedimenten

— unter der Voraussetzung instabilerer Lagerung der *b*-Achsen gegenüber den *a*-Achsen — eine schwache Häufung der *a*-Achsen etwa parallel zur Strömung an: Diagramme 0-232, 0-233, 0-235.

Während die Diagramme der *a*- und der *b*-Achsen allein zumeist keinen Hinweis auf den symmetrieerniedrigenden Vektor erlauben, verweisen die *c*-Achsen-Diagramme sicher auf zusätzliche, jeweils in Fließrichtung „von links" wirkende Kräfte (besonders Diagramm 0-232).

2. Deutlich asymmetrische, trikline Gefüge bei mehr oder weniger geradem Flußverlauf und sowohl in Fließrichtung als auch schwach seitlich, „nach rechts" geneigter Unterlage.

Diese Diagramme zeichnen sich durch eine extrem starke Streuung aller Achsen aus. Die Großkreisgürtel der *a*- und *b*-Achsen sind nur angedeutet. Die *a*-Achsen sind überwiegend senkrecht, die *b*-Achsen bevorzugt parallel zur Strömung eingeregelt; die *c*-Achsen pendeln dementsprechend vor allem in der Strömung: Diagramme 0-234.

Die asymmetrischen Gefügebilder der *a*-, *b*- und *a*-*b*-Achsen-Diagramme kommen anscheinend durch zwei sich unter einem Winkel von etwa 30° schneidende angenähert rhombische Gürtel zustande. Die *a*-Achsen sind jeweils vorherrschend senkrecht, die *b*-Achsen parallel zur Strömung orientiert. Der Hauptgürtel bildet die generelle Fließbewegung im Bachbett, der zweite Gürtel den infolge der seitlichen Neigung zusätzlich „von links" wirkenden Strömungsvektor ab.

Bei beiden Typen ist die Symmetrieerniedrigung zweifelsohne strömungsbedingt. Beide Typen müssen auf Grund der starken Streuung der *a*-Achsen in der Großkreisebene (Typ 1) bzw. der vorherrschenden Querlage der *a*-Achsen (Typ 2) als sekundäre, mehr oder weniger umgeregelte Gefüge angesprochen werden. Die Umorientierung der Gerölle in der *ab*-„Ebene" ist bei Typ 1 wenig ausgeprägt, ein Mischgefüge mit Tendenz zu Längsgefüge, bei Typ 2 am weitesten fortgeschritten, ein fast reines Quergefüge (vgl. KATZUNG 1968).

Gefüge und Fließrichtung

Die Fließrichtungen des transportierend-sedimentierenden Mediums Wasser sind in drei Fällen durch den Verlauf des Bachbetts auf Grund dessen geringer Breite und gerader Erstreckung sicher festgelegt: Bachbett im mittleren Fehrengrund (Diagramme 0-232 und 0-233), Wasserriß am Nordhang des Moosbachgrunds (Diagramme 0-235). Wegen der größeren Breite und einer zusätzlichen Neigung der Sohle „nach rechts" darf im Wasserriß südöstlich Helenensruhe (Diagramme 0-234) mit einer von der generellen Erstreckung geringfügig im Uhrzeigersinn abweichenden Bewegungsrichtung gerechnet werden.

Um Verwechslungen mit den durch den Bachverlauf evidenten Fließrichtungen auszuschließen, wurden die aus den Gefügen abgeleiteten Bewegungsrichtungen des Wassers als Strömungsrichtungen bezeichnet. Durch Häufungen der Achsenpole ergeben sich einmal aus der Lage bzw. Verteilung der Maxima und dichter besetzten Felder im SCHMIDTschen Netz Hinweise auf die Bewegungsrichtung des Mediums. Andererseits können durch Auszählen der Pole nach ihrem Azimut Medianwerte bestimmt werden, die die Strömungsrichtung repräsentieren; die Quartilwerte sind ein Maß für die Streuung. Vor allem bei weniger straffer Regelung der Achsen unterliegt die Deutung nach dem erstgenannten Verfahren beträchtlichen subjektiven Einflüssen, während beim zweiten das Ergebnis von der Wahl des Ausgangspunkts abhängt.

Hier wurden beide Methoden angewendet und die ermittelten Werte in Tab. 1 dokumentiert. Die Gegenüberstellung für die verschiedenen Achsen weist nur in Einzelfällen nennenswerte Unterschiede aus; die Daten reichen nicht aus, um eine statistische Auswertung vorzunehmen. Die Differenzen der aus jeweils vier Diagrammen für die einzelnen Meßpunkte errechneten „mittleren" Strömungsrichtungen sind ohne Bedeutung. Daraus folgt, daß bei entsprechend sorgfältiger Auswahl des Ausgangspunkts für das Auszählen der Azimutalverteilung auf die zeitraubende Abgrenzung der Felder unterschiedlicher Besetzungsdichte, ja auf eine Darstellung im SCHMIDTschen Netz überhaupt verzichtet werden und die Bestimmung der Strömungsrichtung direkt aus den Meßwerten über eine EDVA erfolgen kann.

Ein Vergleich der aus den Gefügen abgeleiteten Strömungsrichtungen mit den evidenten Fließrichtungen (Tab. 2) zeigt in drei von vier Fällen Unterschiede, die für geologische Aussagen belanglos sind. Lediglich für den Meßpunkt im Wasserriß südöstlich Helenensruhe wurden aus allen Diagrammen beträchtliche, durchweg im Uhrzeigersinn abweichende Werte erhalten, was auf Grund der zusätzlichen Neigung der Bachbettsohle „nach rechts" auch zu erwarten war. Auffällig bleibt dennoch bei den übrigen Meßpunkten die, wenn auch geringe, aber dominierende „Drehung" der Strömung im Uhrzeigersinn, worauf bereits im Rahmen der Diskussion der Gefügetypen hingewiesen worden war (Symmetrieerniedrigung durch „von links" wirkende Kräfte). Es darf demnach geschlossen werden, daß die aus dem Gefüge fluviatiler Schotter und Konglomerate ermittelten Strömungsrichtungen weitestgehend mit der Fließrichtung übereinstimmen — keine die Strömung behindernde oder ablenkende Einflüsse vorausgesetzt.

Merkliche, bis zu 90° (und mehr) erreichende Abweichungen der Strömungsrichtungen von der Fließrichtung sowie beträchtliche Schwankungen innerhalb eines Schotterkörpers, wie sie von BYRNE (1963) u. a. in rezenten fluviatilen Schottern beobachtet und auf die durch Gestalt und Lage der Schotterbarre im Fluß bedingten „lokalen" Strömungen zurückgeführt wurden, geben Anlaß, Fließrichtung (Bewegungsrichtung en détail) und Flußrichtung (Bewegungsrichtung en masse) zu unterscheiden. Letztere ist gegeben durch das Mittel aller Fließrichtungen (Strömungsrichtungen) eines bestimmten, mehr oder weniger geraden Flußabschnitts. Als Schüttungsrichtung wäre dann die Hauptmaterialtransportrichtung vom Denudations- zum Sedimentationsgebiet aufzufassen.

In zahlreichen Publikationen der vergangenen Jahre ist gezeigt worden, daß das Mittel aller bestimmten Strömungsrichtungen einer Sedimentationseinheit bzw. eines Beckenteils nicht immer der Richtung des kürzesten Wegs vom Abtragungs- zum Ablagerungsraum entspricht und erst die Analyse des Gesamtbeckens Hinweise auf Liefergebiete gibt. Das gilt ganz besonders für randfernere Beckenteile und feinerklastische Sedimente, während sich generell mit Kornvergröberung und Annäherung an den Beckenrand gemittelte Strömungsrichtung und Schüttungsrichtung zunehmend zu decken scheinen.

Gefüge und Fließgefälle

Das Fließgefälle ist in der Regel gegeben durch die Neigung des untersuchten Bachbett- bzw. Wasserrißabschnitts (Oberfläche des akkumulierten Schuttes) in Fließrichtung. Die Abweichung der Strömungsrichtung vom Verlauf des Wasserrisses am Punkt 234 bleibt hier unberücksichtigt, da die durch die seitliche Neigung bewirkte Verstärkung des Gefälles in Strömungsrichtung nicht zu erfassen war (Meßfehler!). Betrachtet werden soll der Einfluß des Fließgefälles auf die Regelung, insbesondere auf die Einkippung (imbrication) der

Tab. 4. Neigung der *a*-Achsen und *b*-Achsen gegen die Horizontale

Diagramm-Nr.	Fließgefälle	Neigung der *a*-Achsen und *b*-Achsen: bezogen auf die nach der Lage des *c*-Achsen-Maximums ermittelte Strömungsrichtung						bezogen auf die auf Grund der Azimutalverteilung der Achsen ermittelte Strömungsrichtung					
		a-Achsen			*b*-Achsen			*a*-Achsen			*b*-Achsen		
		Q 1	*M*	Q 3	Q 1	*M*	Q 3	Q 1	*M*	Q 3	Q 1	*M*	Q 3
0-232	5°	−4°	15°	28°	4°	28°	45°	−6°	14°	28°	8°	28°	50°
0-233	8°	−1°	19°	40°	15°	33°	49°	−2°	20°	38°	16°	34°	51°
0-234	17°	10°	45°	74°	21°	46°	72°	10°	41°	63°	26°	51°	72°
0-235	13°	8°	28°	50°	13°	38°	57°	9°	29°	46°	11°	37°	56°

ab-„Ebenen" und auf das Einschieben der *a*-Achsen und der *b*-Achsen.

Da die Neigung der Großkreisgürtel gegen die Horizontale im SCHMIDTschen Netz nie hinreichend sicher aus der Lage der Maxima und den Verteilungsbildern bestimmt werden konnte, wurde die Inklination der *ab*-„Ebenen" gegen die Strömung nach drei Methoden bestimmt:

1. Entfernung des *c*-Achsen-Maximums vom Mittelpunkt des Diagramms,

2. Einfallen der Schnittkanten der *ab*-„Ebenen" mit einer Vertikalebene, die im Streichen der aus der Lage des *c*-Achsen-Maximums ermittelten Strömungsrichtung liegt,

3. Einfallen der Schnittkanten der *ab*-„Ebenen" mit einer Vertikalebene, die im Streichen der aus der Azimutalverteilung der *c*-Achsen ermittelten Strömungsrichtung liegt.

Die Ergebnisse sind in Tab. 3 zusammengestellt.

Der mittlere Neigungsgrad der *ab*-„Ebenen" schwankt zwischen 15° und 48° (Lage der *c*-Achsen-Maxima). Die Spur der *ab*-„Ebenen" auf den Vertikalebenen parallel zu den Strömungsrichtungen fällt jeweils im Mittel 20° bis 44° ein. Diese gegen die Horizontale gemessenen Werte liegen deutlich über dem aus der Literatur bekannten Mittel (KRUMBEIN 1939; CAILLEUX 1945; KALTERHERBERG 1956; SCHLEE 1957; UNRUG 1957; POTTER & PETTIJOHN 1963; KATZUNG 1968 u. a.). Sie erhöhen sich noch, wenn sie — wie allgemein üblich — auf das Fließgefälle, d. h. auf die der Schichtung entsprechende Oberfläche des akkumulierten Schuttes, bezogen werden: 20° bis 65° bzw. 25° bis 61°. Ursache für diese Abweichung ist zweifelsohne das starke Gefälle bei vermutlich verminderter Materialzufuhr und die dadurch bedingte hohe hydrodynamische Auslese der flacher einschiebenden und damit instabiler gelagerten Gerölle sowie kleineren Komponenten (Erhöhung der Packungsdichte!). Die Zunahme der Einkippung mit dem Ansteigen des Fließgefälles ist augenscheinlich und untermauert diese Deutung. Die Streuung der Einzelwerte [Quartilabweichung vom Mittel — $(Q_3-Q_1)/2$] liegt mit 10° bis 13° in dem in unterpermischen Konglomeraten festgestellten Bereich von 9° bis 23° (KATZUNG 1968). Sie ist zwar am Meßpunkt 234 am größten (vgl. auch die Besetzungsdichten im SCHMIDTschen Netz), eine direkte Beziehung zur Verstärkung des Fließgefälles kann jedoch nicht belegt werden. Das gleiche trifft für die Symmetrieerniedrigung zu.

Die Neigung der *a*-Achsen und der *b*-Achsen wurde einmal auf die nach der Lage der Maxima und dichter besetzten Felder der *c*-Achsen, zum anderen auf die nach der Azimutalverteilung aller Achsen (Mittel aus Tab. 1) bestimmte Strömungsrichtung bezogen. Die erhaltenen Werte sind Tab. 4 zu entnehmen.

a-Achsen und *b*-Achsen verhalten sich wie die *ab*-„Ebenen". Die Einkippung wächst generell mit steigendem Gefälle: *a*-Achsen 15° bis 45° bzw. 14° bis 41°, *b*-Achsen 28° bis 46° bzw. 28° bis 51°. Auch für die Streuung gilt das oben Gesagte. Maximalwerte werden jeweils am Meßpunkt 234 erreicht (32°, 26°, 27°, 23°); eindeutige Tendenzen sind jedoch nicht zu erkennen.

Die *b*-Achsen fallen durchweg, und zwar durchschnittlich 10°, steiler als die *a*-Achsen ein. Vor allem bei den überwiegend parallel zur Strömung orientierten *a*-Achsen (Diagramme 0-232, 0-233, 0-235) ist das evident, während bei Querregelung die Unterschiede weniger hervortreten (1° bzw. 8°). Damit wird die Rolle der längsten Achse als Rotationsachse für die Einkippung zur Dachziegellagerung (imbrication) unterstrichen.

Zusammenfassung

In rezenten fluviatilen Schottern wurde die Geröllorientierung ermittelt. Die *a*-Achsen und *b*-Achsen besetzen im SCHMIDTschen Netz gegen die Strömung geneigte Großkreise, so daß die Richtung der Strömung sicher festgelegt werden kann. Evidente Fließrichtung und Symmetrieebene des Gefüges (Strömungsrichtung) stimmen in der Regel weitestgehend überein. Strömungs-, Fließ-, Fluß- und Schüttungsrichtung wurden unterschieden: Strömungsrichtung — Ausdruck der internen Bewegung des transportierend-sedimentierenden Mediums im Einregelungsgefüge; Fließrichtung — evidente Bewegungsrichtung des Mediums; Flußrichtung — Mittel aller Fließrichtungen (Strömungsrichtungen) eines Flußabschnitts; Schüttungsrichtung — Richtung des generellen Maximaltransports vom Denudations- zum Sedimentationsgebiet. Mit steigendem Fließgefälle nimmt die Einkippung der *ab*-„Ebenen" sowie der *a*-Achsen und der *b*-Achsen der Gerölle gegen die Strömung zu. Die *b*-Achsen fallen — auf die jeweilige Strömungsrichtung bezogen — durchweg steiler als die *a*-Achsen ein.

Резюме

Исследовалась ориентировка галек в современных речных галечниках. Оси „а" и оси „в" на диаграмме Шмидта расположены на направленных против течения больших кручах. Это дает возможность точного определения направления течения. Явное направление потока, как правило, совпадает с плоскостью симметрии структурных элементов (направление течения). Различаются направления течения, потока, реки и привноса: направление течения—выражение внутреннего движения среды переноса и седиментации в структурах ориентировки; направление потока — явное направление движения среды; направление реки — среднее арифметическое всех направлений потока (направлений течения) на определенном участке реки; направление привноса — направление общего максимального переноса из области сноса в область осадконакопления. С нарастающим уклоном потока возрастает опрокидывание „плоскостей" „ав", а также осей „а" и осей „в" галек по отношению к течению. Относительно определенных направлений течения, оси „в" являются более крутопадающими, чем оси „а".

Summary

A determination of the orientation of boulders in recent fluviatile gravels shows that the *a*- und *b*-axes occupy great circles inclined against the current in SCHMIDT's network, so that the direction of the current can reliably be determined. As a rule, there is a wide accord between the evident direction of flow and the symmetry plane of the fabric (direction of current). The directions are distinguished as follows: direction of current — expression of the internal movement of the transporting-sedimentary medium within the fabric of orientation; direction of flow — direction of evident movement of the medium; fluvial direction — mean value of all directions of flow (directions of current) of a river section; direction of accretion — direction of the general maximum transportation from the area of denudation to the area of sedimentation. With increasing flow gradient the tilt of the *ab*-"planes" grows against the current, as does that of the *a*- and *b*-axes of the boulders. Referring to the direction of current in question, the *b*-axes, without exception, dip steeper than the *a*-axes.

Zeitschrift für angewandte Geologie, Bd. 17 (1971), Heft 1/2

Literatur

BRINKMANN, R.: Über Kreuzschichtung im deutschen Buntsandsteinbecken. – Nachr. Ges. Wiss. Göttingen, math.-phys. Kl., Nr. 32, 12 S. (1933).

BYRNE, J. V.: Variations in fluvial gravel imbrication. – Journ. Sed. Petrol., **33**, 467–469 (1963).

CAILLEUX, A.: La déposition individuelle des galets dans les formations détritiques. – Rev. Géogr. Phys. Géol. Dynam., **11**, 171–198, Paris 1938.

– Distinction des galets marines et fluviatiles. – Bull. Soc. Géol. France, 15. Ser., **5**, 375–404 (1945).

DOEGLAS, D. J.: The structure of sedimentary deposits of braided rivers. – Sedimentology, **1**, 167–190 (1962).

ERIKSSON, K. G.: Studier över Stockholm såsen vid Halmsjön. – Geol. Fören. Förhandl., **88**, 43–125 (1960).

FORCHE, F.: Stratigraphie und Paläogeographie des Buntsandsteins im Umkreis der Vogesen. – Mitt. geol. Staatsinst. Hamburg, **15**, 16–55 (1935).

FRASER, H. J.: Experimental study of the porosity and permeability of clastic sediments. – Journ. Geol., **43**, 910–1010 (1935).

HOLMES, C. D.: Till fabric. – Bull. Geol. Soc. Amer., **52**, 1299–1354 (1941).

INGERSON, E.: Fabric criteria for distinguishing pseudoripple marks from ripple marks. – Bull. Geol. Soc. Amer., **51**, 557–574 (1940).

JAMIESON, T. F.: On the drift and rolled gravel of the north of Scotland. – Quart. Journ. Geol. Soc. London, **16**, 347–371 (1860).

JOHANSSON, C. E.: Riktningsanalyser i glacifluviala och fluviala avlagringer. – Svensk. Geogr. Årsbok, **36**, 130–144 (1960).

– Orientation of pebbles in running water. A laboratory study. – Geogr. Annaler, **45**, 85–112 (1963).

JOHNSTON, W. A.: Imbricated structure in river gravel. – Amer. Journ. Sci., ser. 5, **4**, 387–390 (1922).

KALTERHERBERG, J.: Über Anlagerungsgefüge in grobklastischen Sedimenten. – N. Jb. Geol. Paläont., Abh., **104**, 30–57(1956).

KATZUNG, G.: Das Einregelungsgefüge im Konglomerat von Fehrenbach (Rotliegendes; Thüringen). – Jb. Geol., **2**, 85–118, Berlin 1968.

KOPSTEIN, E. P. H. W.: Graded bedding of the Harlech dome. – Geol. Inst. Groningen Publ., 81, 97 S., 1954.

KRUMBEIN, W. C.: Preferred orientation of pebbles in sedimentary deposits. – Journ. Geol., **47**, 673–706 (1939).

– Flood gravel of San Gabriel canyon, California. – Bull. Geol. Soc. Amer., **51**, 639–676, New York 1940.

– Flood deposits of Arroyo Seco, Los Angeles County, California. – Bull. Geol. Soc. Amer., **53**, 1355–1402 (1942).

KUENEN, PH. H.: Significant features of graded bedding. – Bull. Amer. Assoc. Petrol. Geol., **37**, 1044–1066 (1953).

KÜRSTEN, M.: Zur Frage der Geröllorientierung in Flußläufen. – Geol. Rdsch., **40**, 498–501 (1960).

LANE, E. W., & E. J. CARLSON: Some observations of the effect of particle shape on movement of coarse sediments. – Trans. Amer. Geophys. Union, **35**, 453–462 (1954).

LUNDQVIST, G.: Blockens orientierung i olika jordarter. – Sveriges Geol. Unders., ser. CN, 497, 1–29 (1948).

LÜTZNER, H.: Eine einfache Kompaßergänzung zum Einmessen von Geröllachsen. – Z. angew. Geol., **10**, 155–157, Berlin 1964.

PICARD, R.: Beobachtungen im Diluvium des Stadtgebietes Essen. – Geol. Jb., **65**, 573–587 (1949).

POTTER, P. E., & F. J. PETTIJOHN: Paleocurrents and basin analysis. – Springer-Verlag, VIII + 296 S. (1963).

RICH, J. L.: Flow markings groovings, and intrastratal crumplings as criteria for recognition of slope deposits, with illustrations from Silurian rocks of Wales. – Bull. Amer. Assoc. Petrol. Geol., **34**, 717–741 (1950).

RICHTER, K.: Die Bewegungsrichtung des Inlandeises, rekonstruiert aus den Kritzen und Längsachsen der Geschiebe. – Z. Geschiebeforsch., **8**, 62–66, Leipzig 1932.

– Gefüge und Zusammensetzung des norddeutschen Jungmoränengebietes. – Beih. Z. Geschiebeforsch., 11, 63 S. (1933).

RUEDEMANN, R.: Evidence of current action in the Ordovician of New York. – Amer. Geologist, 19, 367–391 (1897).

SANDER, B.: Gefügekunde der Gesteine. – Springer-Verlag, 325 S. (1930).

SCHIEMENZ, S.: Fazies und Paläogeographie der Subalpen-Molasse zwischen Bodensee und Isar. – Beih. Geol. Jb., 38, 114 S. (1960).

SCHLEE, J.: Fluvial gravel fabric. – Journ. Sedim. Petrol., **27**, 162–176 (1957).

UNRUG, R.: Recent transport and sedimentation of gravels in Dunajec Valley. – Acta Geol. Polon., **7**, 217–257 (1957).

WADELL, H.: Volume, shape, and shape position of rock fragments in openwork gravel. – Geogr. Annaler, 18, 74–92, Stockholm 1936.

WHITE, W. S.: Imbrication and initial dip in a Keweenawan conglomerat bed. – Journ. Sedim. Petrol., **22**, 189–199 (1952).

Der Thüringer Dachschiefer, seine gesteinstechnischen Eigenschaften und seine Verwendung als Werk- und Dekorationsstein

REINER SCHUBERT, Lehesten, & WALTER STEINER, Weimar

1. Einleitung

Unter dem Begriff „Tonschiefer“ sind Tongesteine zu verstehen, die durch einen tektonischen Einengungsvorgang — den Schieferungsprozeß — als charakteristisches Merkmal eine Spaltbarkeit nach mindestens einer Ebene erworben haben. Diese durch Hellglimmerlagen vorgezeichneten Schieferflächen sind durch gerichtete Neukristallisation senkrecht zur Druckrichtung im Zuge der „inneren Gesteinsdeformation“ entstanden (z. B. RICHTER 1961, BANKWITZ 1965, SCHROEDER 1966 u. a.). Die Schieferung ist in der Regel an eine alpinotype Gebirgsbildung gebunden. Sie erfolgt zumeist im Anschluß an die Faltung. Tonschiefer sind also als Produkt einer gewissermaßen embryonalen Metamorphose („Anchimetamorphose“) aufzufassen. Sie stehen zwischen den nur diagenetisch verfestigten Schiefertonen bzw. Tonsteinen und den epizonal metamorphen Phylliten, die beide als Naturbaustoff entweder ungeeignet oder bedeutungslos sind.

Dagegen verdienen die Tonschiefer als Werk- oder Dekorationsstein Interesse, wenn sie sich in hinreichend

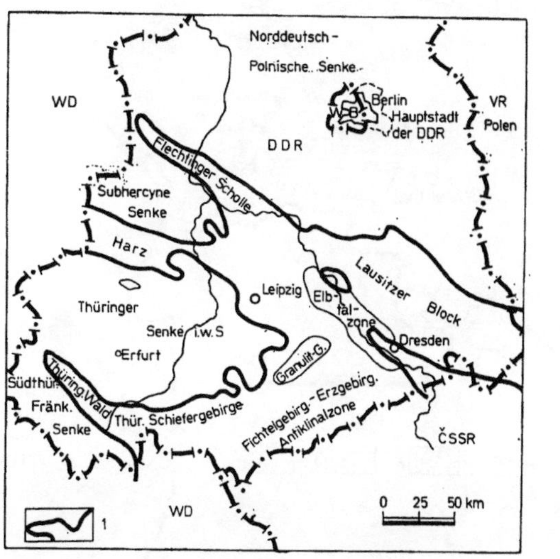

Abb. 1a. Das thüringische Schiefergebirge im geologischen Bauplan der DDR

1 – Begrenzung geologisch-tektonischer Einzelheiten des Tafelstockwerks

Eingang des Manuskripts in der Redaktion: 6. 2. 1970.

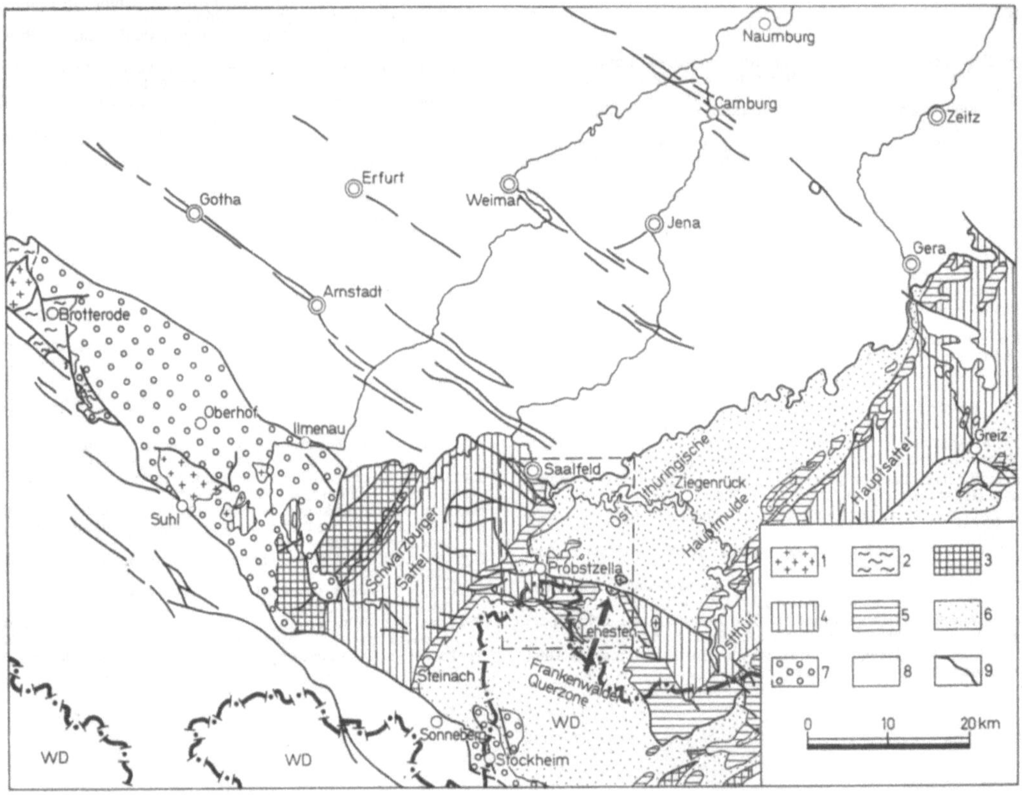

Abb. 1b. Übersicht über die Geologie des Thüringischen Schiefergebirges (nach H. WEBER 1956 u. a.)

1 – Granite, 2 – Kristallin von Ruhla–Brotterode, 3 – Vorordovizium des Schwarzburger Sattels, 4 – Silur und Ordovizium, 5 – Devon, 6 – Unterkarbon (Kulm), 7 – Permosiles, 8 – Postrotliegendes, 9 – Störungen, gestricheltes Quadrat – Abb. 1c

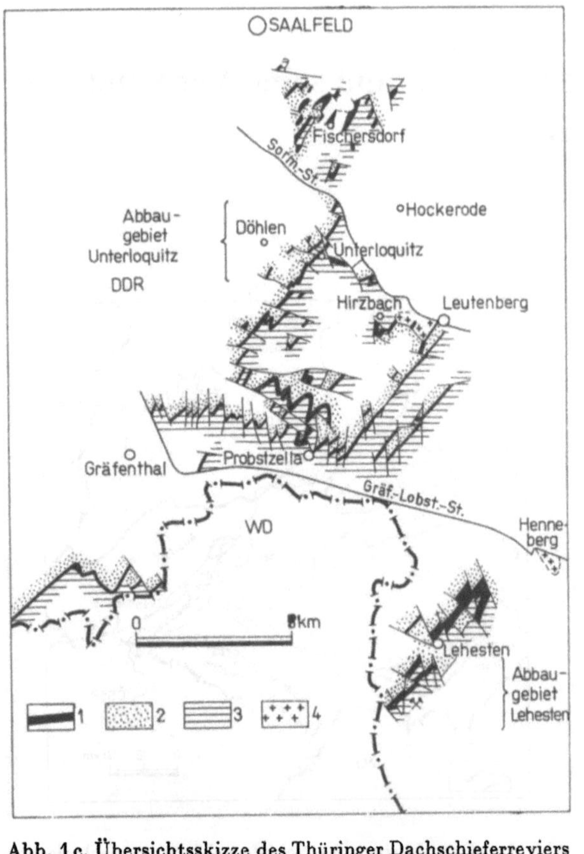

Abb. 1c. Übersichtsskizze des Thüringer Dachschieferreviers (umgezeichnet nach H. PFEIFFER 1957)

1 – Dachschieferlager, 2 – ältere Schichten, 3 – jüngere Schichten, 4 – Granite;

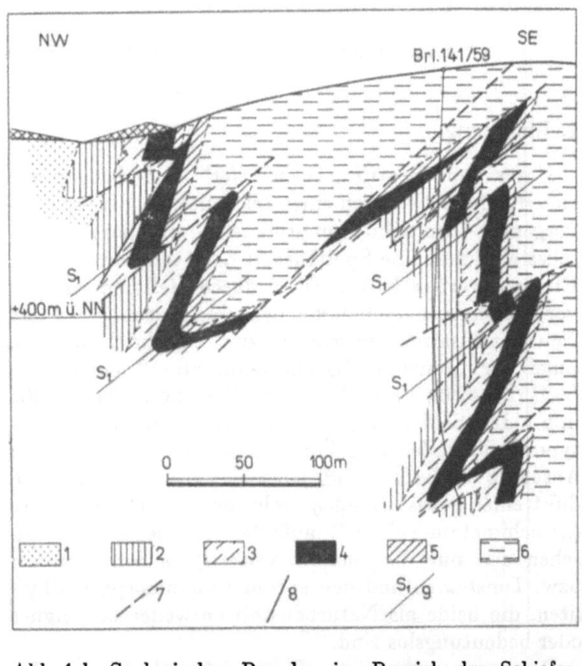

Abb. 1d. Geologischer Bauplan im Bereich der Schiefergrube Bocksberg bei Probstzella (nach R. SCHUBERT 1968)

1 – to und cu I, 2 – Rußschiefer, 3 – dunkelkiesiger Schiefer, 4 – blauer Stein, 5 – dunkler Stein, 6 – Bordenschiefer, 7 – Schwarten, 8 – Querstörungen, 9 – Schieferung

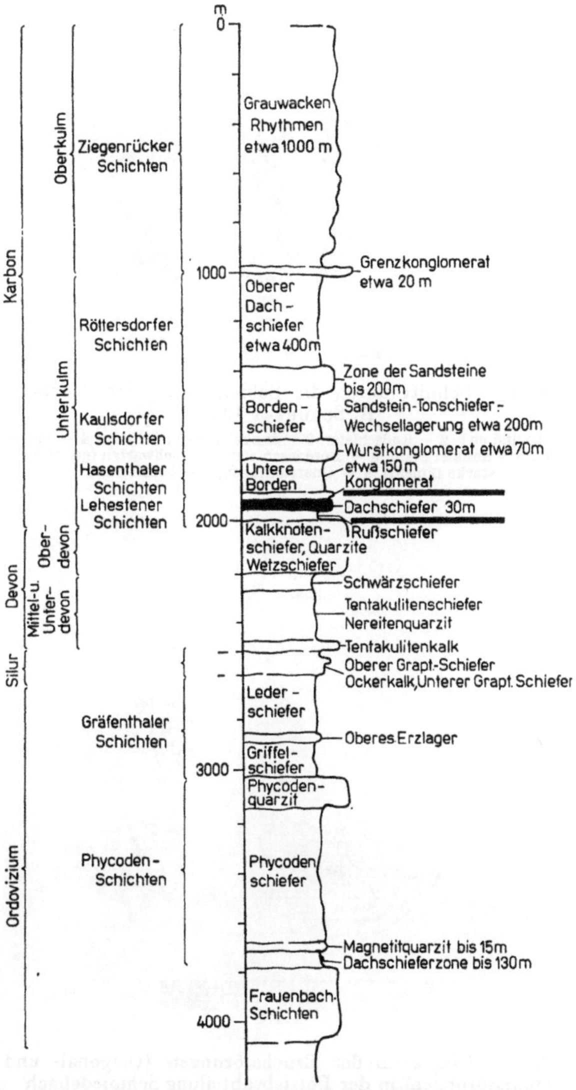

Abb. 2a. Schichtenfolge im Thüringischen Schiefergebirge mit Dachschieferlager (a) (R. RICHTER 1864, E. ZIMMERMANN 1899, K. Th. LIEBE & E. ZIMMERMANN 1888, H. PFEIFFER 1966/68)

großen Platten oder Blöcken gewinnen lassen, genügende Festigkeit und Dauerhaftigkeit besitzen und möglichst schleif- und in gewissem Maße polierfähig sind. Bei ausgezeichneter Dünn- und Ebenspaltbarkeit kommt die Verwendungsmöglichkeit für Dachschiefer hinzu.

Seit langem werden daher geeignete Schiefer vielfältig genutzt. Als vielleicht ältestes Zeugnis für eine Schieferverwendung können mehrere übereinanderliegende Grauwacken- und Schieferplattenpflaster gelten, die bei Ausgrabungen nahe Gera-Liebschwitz gefunden wurden; sie dienten den Jägern des Magdalénien (Jungpaläolithikum) vermutlich als Untergrund für ihre Zeltbauten (TOEPFER & NUGLISCH 1962).

Die Anfänge einer regelrechten, über den lokalen Rahmen hinausgehenden Verarbeitung von Schiefer zu diversen Werksteinen sind indirekt durch Urkunden u. ä. über den Dachschieferabbau datierbar, da praktisch überall Dachschiefer- und Schieferplattenherstellung zusammen betrieben wurden. Sie reichen teilweise weit zurück: im Rheinischen Schiefergebirge bis in die Römerzeit, in England (Wales) bis ins 8. und in Frankreich (Angers) bis ins 12. Jahrhundert (Anonymus 1930). Auch der Lehestener Schieferbergbau dürfte bis ins 13. Jahrhundert zurückgehen; er wird jedoch erst 1499 urkundlich erwähnt (PFEIFFER 1955, 1956 u. a.).

Untertägige Gewinnung von Rohstein für Schieferplatten ist seit dem 18. Jahrhundert in der Bretagne nachweisbar (FOUGEROUX DE BONDAROY 1763), im Thüringer Schiefergebirge etwa seit 1880.

2. Die geologischen Verhältnisse

2.1. Stratigraphie

Der Thüringer Dachschiefer ist ein im Stillwasserbereich abgelagertes Sediment des unterkarbonischen Geosynklinalmeeres. Sein Verbreitungsgebiet ist der NW-Teil der Thüringer Hauptmulde. Etwa in der Muldenmitte (Linie Lehesten—Henneberg) wird er durch sandgebänderte Schiefer (Borden) vertreten (PFEIFFER 1968). Als fast 35 km langes Band begleitet sein Ausbiß das Devon des Schwarzburger Sattels aus dem Saalfelder Raum im Nordosten bis über Steinach hinaus im Südwesten. Das eigentliche Dachschieferrevier — die „Frankenwälder Querzone" (SCHWAN 1956) und ihre regionalgeologische Position — gibt Abb. 1 wieder. Das höffige Gebiet, in dem der Dachschiefer zutage tritt oder im Bereich der bauwürdigen Teufe liegt, ist etwa 40 km² groß.

Die Schichtenfolge im Thüringischen Schiefergebirge und die spezielle Stratigraphie des Dachschieferlagers

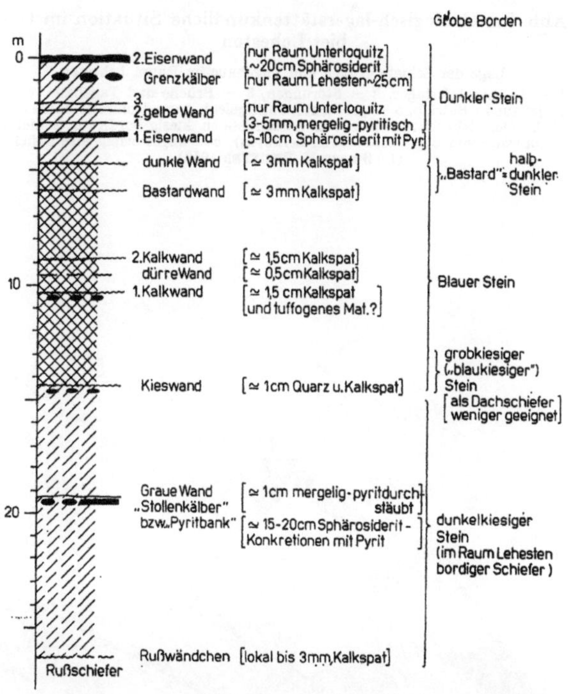

Abb. 2b. Feinstratigraphisches Normalprofil des Dachschieferlagers und der Grenzschichten im Gebiet Lehesten—Unterloquitz (mittlere Mächtigkeiten im genannten Raum, Anteil der „inneren Deformation" durch Schieferung eliminiert) (Entwurf: R. SCHUBERT)

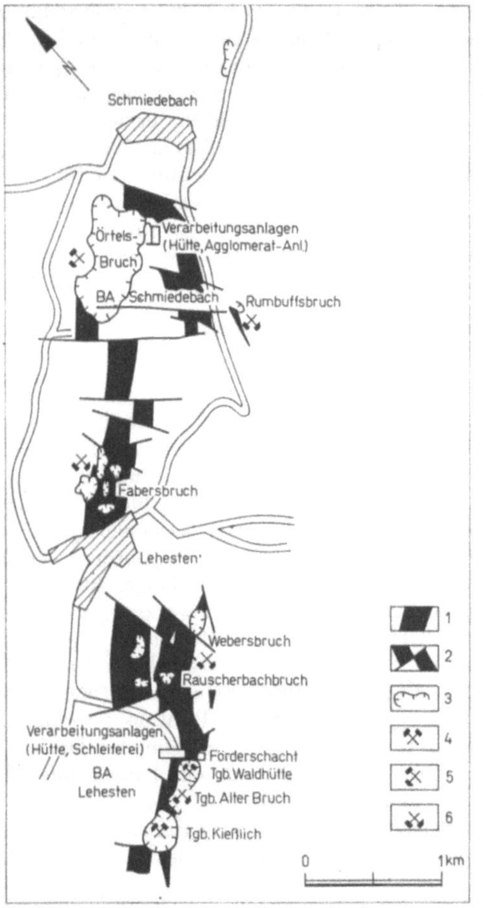

Abb. 3a. Geologisch-lagerstättenkundliche Situation im Gebiet Lehesten

Lage der Schiefergruben und Tagebaue im Raum Lehesten
1 – Dachschieferlager, 2 – Störungen, 3 – Brüche und Tagebaue, 4 – Tagebaue in Betrieb, 5 – größtenteils stillgelegt, nur saisonweise betrieben (Tgb. Oertelsbruch: Abbau von ausschließlich kiesig-bordigem Schiefer saisonweise von Betriebsabteilung Lehesten), 6 – abgeworfene alte Brüche (1–3 nach H. PFEIFFER 1956)

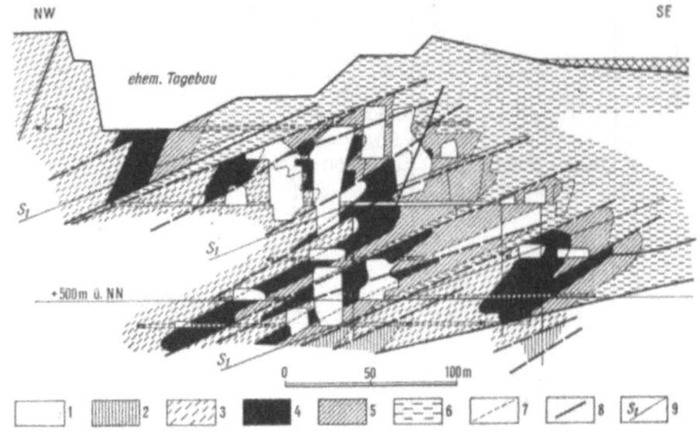

Abb. 3b. Schnitt durch die Schiefergrube Schmiedebach (R. SCHUBERT 1968)

1 – to und cu I, 2 – Rußschiefer, 3 – dunkel-kiesiger Schiefer, 4 – blauer Stein, 5 – dunkler Stein, 6 – Bordenschiefer, 7 – Schwarten (gestrichelte starke Linien!), 8 – Querstörungen, 9 – Schieferung

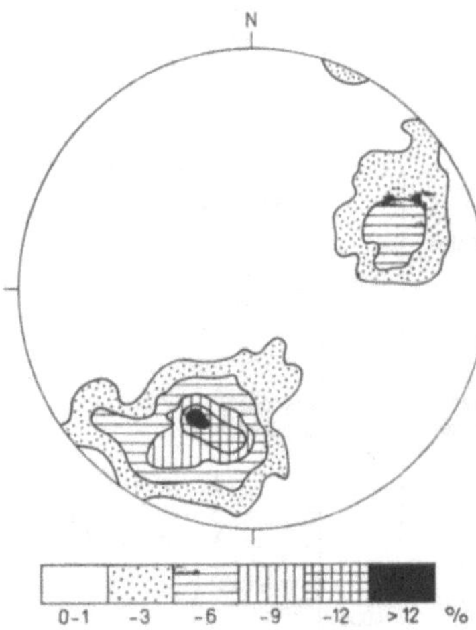

Abb. 3c. Diagramm der Bruchstörungen (Diagonal- und Querstörungen) in der Betriebsabteilung Schmiedebach

(176 Polpunkte, untere Lagenkugel / R. SCHUBERT)

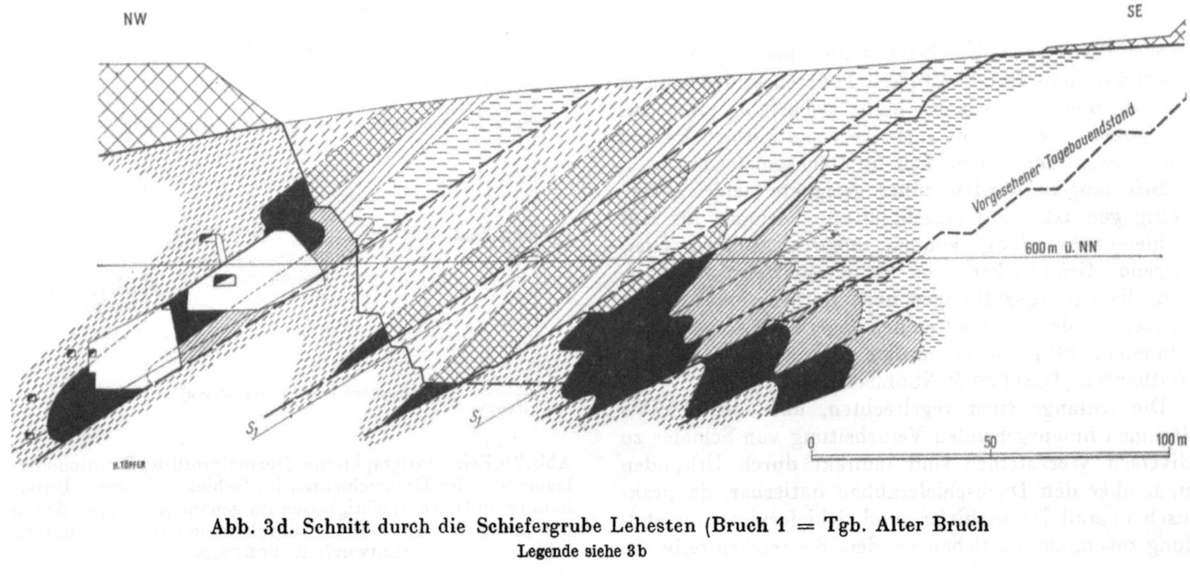

Abb. 3d. Schnitt durch die Schiefergrube Lehesten (Bruch 1 = Tgb. Alter Bruch

Legende siehe 3b

sind auf Abb. 2 dargestellt. Die ursprüngliche Mächtigkeit des Schieferlagers dürfte zwischen 12 m und 20 m betragen, sie ist aber durch die Faltung und vor allem durch die Schieferung zumeist vergrößert oder — seltener — reduziert worden (s. 2.2.).

Nach petrographischen Merkmalen ist der Dachschiefer in zwei Zonen zu untergliedern: in den älteren blauen und den jüngeren dunklen Lagerstein. Beide sind durch ein mm-dünnes Kalkbänkchen voneinander getrennt. Das Liegende des blauen Steins ist der dunkelkiesige (um Lehesten: dunkelkiesig-bordige) Schiefer. Seine Mächtigkeit gleicht der des Dachschiefers. Er wird zur Herstellung von Schleifereierzeugnissen und untergeordnet von Dachschiefer mit verwendet. Er wird wiederum vom ebenfalls noch unterkarbonischen Rußschiefer unterlagert, der wegen seiner leichten Verwitterbarkeit (hoher Kohlenstoff- und Pyritgehalt) technisch wertlos ist.

Das Hangende des dunklen Steins stellen (überwiegend unbrauchbare) Bordenschiefer dar.

2.2. Tektonik

Der tektonische Werdegang des Dachschiefers ist an die variszische Tektogenese gebunden, hauptsächlich an die sudetische Phase zwischen Unter- und Oberkarbon.

Auf die NW—SE-Einengung der Geosynklinale reagierten die Gesteine des Trogs zuerst durch Faltung. Der Dachschieferhorizont wurde dabei in NE—SW streichende, SE-vergente und fast stets überkippte Falten gelegt. Speziell im Lehestener Gebiet geht die Überkippung mitunter bis zu einem Einfallen des liegenden Faltenschenkels von $< 25°$ NW. Außerdem sind hier die Falten extrem asymmetrisch: Der nichtüberkippte Normalschenkel ist nur sehr kurz bzw. nur andeutungsweise entwickelt (Abb. 3).

Die anhaltende Einengung des ausgefalteten Sedimentkomplexes wurde durch die „innere Deformation" oder — mit anderen Worten — durch die Schieferung der Gesteine kompensiert. Am schieferungsfreundlichsten erwies sich das pelitische, homogene Material des

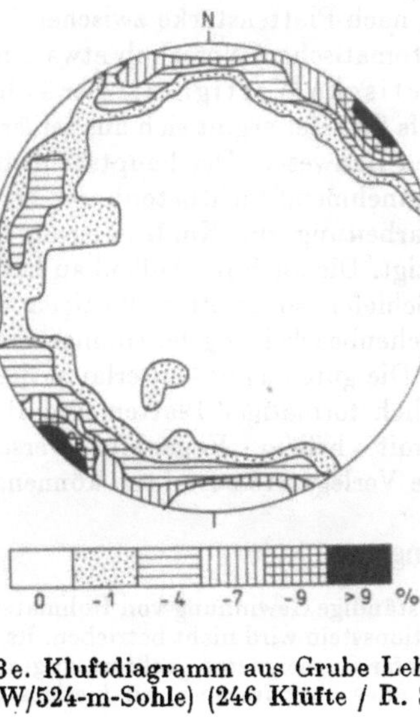

Abb. 3e. Kluftdiagramm aus Grube Lehesten (Abbau 4 SW/524-m-Sohle) (246 Klüfte / R. SCHUBERT)

Abb. 3f. Tagebau „Alter Bruch" (Vordergrund) und Tagebau „Kießlich" (Hintergrund) der Betriebsabteilung Lehesten

Dachschieferlagers. Die Schieferflächen streichen wie die Faltenachsen NE—SW und fallen wie die Achsenflächen der Falten im Mittel zwischen 20° und 30° (Raum Lehesten) bzw. zwischen 35° und 50° (Raum Unterloquitz—Probstzella—Leutenberg) nach NW ein. Bei sehr spitzem Transversalwinkel zwischen den Schicht- und den Schieferflächen kam es zur Ausdünnung, bei einem größeren Winkel dagegen zur Verdickung des Schieferlagers. In der Grube Lehesten liegen z. B. die Extremwerte für die Mächtigkeit bei ca. 12 m und rund 60 m.

Auf die fortgesetzte NW—SE-Pressung reagierte das geschieferte und damit verfestigte Gebirge nunmehr bruchtektonisch, indem zuerst streichende und danach diagonale Scherflächen angelegt wurden. Diese faltenparallelen, etwas steiler als die Schieferflächen nach NW einfallenden Störungen („Schwarten") sind als „Untervorschiebungen" (SCHWAN 1956) des jeweils Liegenden nach SE/oben aufzufassen. Besonders im Lehestener Revier ist das Dachschieferlager durch eine Vielzahl dieser „Schwarten" regelrecht in Schuppenpakete zerlegt worden (Abb. 3). Die Verschiebungsbeträge liegen zwischen einigen Zentimetern und ca. 200 m. Die Abstände zwischen den unbedeutenderen Schwarten betragen zumeist nur wenige Meter, zwischen den Hauptschwarten einige Dekameter. Vor allem im Tiefbau machen sie sich durch die Versetzung des Lagers oder die Einschuppung von Nebengesteinspartien unangenehm bemerkbar.

Die abschiebenden Diagonalstörungen weisen zwei Maxima auf: Die eine Schar streicht annähernd E—W und fällt mittelsteil nach N, die andere verläuft etwa N—S und fällt steil nach W. An großen, die Tektonik des Thüringisch-Fränkischen Schiefergebirges prägenden Störungen haben Schollenkippungen stattgefunden, so daß das Schieferlager fast überall mit 15° bis 20° nach SW abtaucht.

Mit dem Faltungs-, Schieferungs- und Scherungsprozeß war die Anlage eines Kluftsystems verknüpft. Das Hauptmaximum der Klüfte liegt etwa senkrecht zu den Faltenachsen (SCHROEDER, BANKWITZ & PAECH 1963; SCHUBERT & BÖTTCHER 1965) (s. Abb. 3). Für den Thüringer Dachschiefer ist der scheinbar ungesetzmäßige, sprunghafte Wechsel von „schnittigen" (= zu engständig geklüfteten) und weitmaschig geklüfteten

Gesteinspartien typisch (SCHUBERT 1968). Die Kluftdichte ist für die Bauwürdigkeit eines Schiefervorkommens oder eines Abbaublockes in erster Linie entscheidend. Sie ist in den heutigen Baufeldern der Grube Lehesten, insgesamt gesehen, so hoch, daß m^2-große Rohsteinplatten kaum noch anfallen.

2.3. Petrographie

Die lithologisch-petrographische Ausbildung des Dachschieferhorizontes ist im gesamten Verbreitungsgebiet gleich. Blauer und dunkler Stein sind dunkelblaugrau. Sie unterscheiden sich nur durch Nuancen, deutlicher dagegen in der Pulverfarbe. Auch der kiesig-bordige Schiefer hat die gleiche Grundfarbe, lediglich die Sandlagen sind etwas heller. Der kiesig-bordige Schiefer und die Basisschicht des blauen Steins führen Pyrite bis zu Nußgröße, der dunkle Stein in manchen Schichten zahlreiche, makroskopisch gerade noch sichtbare Pyritkriställchen. Ansonsten sind der Mineralbestand und das Feingefüge des Schiefers nur unter dem Mikroskop zu erkennen.

Das Gestein erscheint in flach linsenförmige Gefügeelemente zerlegt, die von Feinglimmerlagen umschmiegt werden. Diese Glimmerlagen markieren die Schieferflächen. Sie bestehen aus straff geregeltem, z. T. muskovitisch rekristallisiertem Serizit. Ihr Abstand voneinander beträgt durchschnittlich 10—20 μm. Die Dicke der Glimmerblättchen liegt unter 2 μm, ihr Durchmesser unter 10 μm. Die linsigen Bereiche zwischen den Glimmerlagen bestehen aus wenig geregeltem serizitisch-muskovitischem Glimmer, Tonsubstanz (Kaolinit?), Quarz (meist unter 5 μm), Chlorit (aus zersetzten Biotitklasten, maximal 125 μm), prätektonisch zersetzten Feldspatkörnchen und mehr oder weniger zahlreichen Rutilnädelchen. Der dunkle Schiefer enthält außerdem einen größeren Anteil opaker Gemengteile (kohlige Substanz, Sulfid) auf den Schieferflächen (HOYER 1965, unveröff. Ber.)

Über den Chemismus des Dachschiefers geben die zwei Durchschnittsanalysen in Tab. 1 Auskunft (Analytiker: Dr. STAMPE, Sondershausen 1956):

Tabelle 1

Blauer Stein (Lehesten)		Dunkler Stein (Lehesten)	
61,1	SiO_2 %	65,4	SiO_2 %
22,9	Al_2O_3 %	17,2	Al_2O_3 %
7,2	Fe_2O_3 %	7,5	Fe_2O_3 %
0,9	TiO_2 %	0,5	TiO_2 %
0,4	CaO %	0,5	CaO %
1,9	MgO %	1,6	MgO %
1,0	K_2O %	1,3	K_2O %
0,5	Na_2O %	0,2	Na_2O %
4,7	Glühverlust	5,6	Glühverlust

3. Gesteinstechnische Eigenschaften

Eine Zusammenfassung der gesteinstechnischen Kennwerte des Thüringer Dachschiefers findet sich in Tab. 2. Im folgenden einige Bemerkungen dazu sowie weitere Bewertungskriterien.

Die Wetterbeständigkeit — durch Kennwerte nicht ohne weiteres ausdrückbar — ist in erster Linie durch Erfahrungswerte festzulegen. Der blaue Schiefer hat sich auf historischen Bauwerken z. T. jahrhundertelang in gutem Zustande gehalten (z. B. Feste Heldburg — Dachdeckung aus blauem Stein seit 1536). Schäden traten in der Regel nicht am Schiefer selbst, sondern an den Befestigungsmaterialien (Nägeln, Dachbauteilen aus Holz usw.) auf. Der dunkle und dunkelkiesig-bordige Schiefer hat Standzeiten am Bauwerk von einigen Jahrzehnten. Frost-Tauwechsel-Prüfungen bestätigten diese Beobachtungen über die Wetterbeständigkeit.

Schiefer mit freiliegenden Pyriten sind infolge der raschen Zersetzung des FeS_2 für eine Verwendung zu Bau- und Dekorationssteinen, zumindest im Außenbau, nicht geeignet.

Die Festigkeitseigenschaften des thüringischen Dachschiefers sind entsprechend seinen gefügekundlichen Eigenschaften stark richtungsabhängig. Die Biegezugfestigkeit senkrecht zur Schieferung ist mit Werten von 800—1000 kp/cm² als außerordentlich hoch zu bezeichnen. Diese hohen Werte sind Ausdruck einer relativ hohen Elastizität der einzelnen Schieferplatten. Die Biegezugfestigkeiten parallel zur Schieferung sind gering. Die Druckfestigkeit ist senkrecht zur Schieferung ebenfalls bedeutend größer (Mittelwert 2000 kp/cm²; maximal 3000 kp/cm²) als parallel dazu (Mittelwert etwa 1100 kp/cm²; maximal 2000 kp/cm²). Diese Festigkeitswerte liegen weit über den für Werk- und Dekorationssteine geforderten Minimalwerten (siehe auch Scherfestigkeit und statischer E-Modul, Tab. 2).

Bearbeitbarkeit: Im Gegensatz zu schwer spaltbaren Festgesteinen können beim Schiefer größere Sichtflächen mit verhältnismäßig geringem Arbeitsaufwand durch Spalten erzeugt werden. Diese meist ebenflächigen Spaltflächen besitzen eine durch die Serizitbelegung der Schieferflächen hervorgerufene natürliche Glätte. Diese spaltrauhen Oberflächen können mit geringem Arbeitsaufwand gehobelt und geschliffen werden.

Die Plattenumgrenzungen werden meist geschnitten. Die Schneidbarkeit der Schiefer muß als gut bezeichnet werden (Sägefortschritt mit Diamantsägen bei Handvorschub je nach Plattenstärke zwischen 1 und > 2 m/min, bei automatischem Vorschub etwa 1 m/min.

Die ästhetische Wertigkeit: Der ästhetische Wert des Baustoffs Schiefer ergibt sich aus seiner Anwendung im modernen Bauwesen. Der hauptsächlichste Baustoff ist Beton (zunehmend Sichtbeton), der bei baukünstlerischer Verarbeitung zur Kontrastierung dunkle Baustoffe benötigt. Die auch im Außenbau haltbare dunkle Farbe des Schiefers sowie die vielfältigen Möglichkeiten der Oberflächenbearbeitung bestimmen die ästhetische Bewertung. Die gute Sägbarkeit erlaubt die Herstellung unterschiedlich formatiger Platten und Bausteine, die ihrerseits mit hellem Fugenkitt verschiedenartige ornamentale Verlegearten erfahren können.

4. Gewinnung

Eine eigenständige Gewinnung von Rohmaterial für Werkbzw. Dekorationsstein wird nicht betrieben. Es wird lediglich für Dachschiefer ungeeignetes großformatiges Gestein (ausgetrocknetes oder ausgefrorenes, zu kiesiges oder bordiges

Tab. 2. Gesteinstechnische Eigenschaften der Thüringer Dachschiefer

<table>
<tr><th colspan="3">Gesteinstechnische Eigenschaften[1])</th><th>Blauer Stein, Lehesten</th><th>Dunkler Stein, Lehesten</th><th>dunkelkiesig-bordiger Schiefer, Schmiedebach</th></tr>
<tr><td colspan="3">Reindichte g/cm³</td><td>2,885</td><td>2,885</td><td></td></tr>
<tr><td colspan="3">Rohdichte g/cm³</td><td>2,733</td><td>2,639</td><td></td></tr>
<tr><td colspan="3">wahre Porosität Vol.-%</td><td>5,3</td><td>8,7</td><td></td></tr>
<tr><td colspan="3">H_2O-Aufnahme norm. Druck Masse-%</td><td>0,3</td><td>0,22</td><td>0,54 (0,43–1,25)</td></tr>
<tr><td rowspan="4">Druckfestigkeit kp/cm²</td><td rowspan="2">senkrecht zur Schieferung</td><td>Mittelwert</td><td colspan="2">2063</td><td></td></tr>
<tr><td>Streuung</td><td colspan="2">1205–3061</td><td></td></tr>
<tr><td rowspan="2">parallel zur Schieferung</td><td>Mittelwert</td><td colspan="2">1034</td><td></td></tr>
<tr><td>Streuung</td><td colspan="2">689–1996</td><td></td></tr>
<tr><td rowspan="7">Biegezugfestigkeit kp/cm²</td><td rowspan="2">lufttrocken</td><td>Mittelwert</td><td>980</td><td>870</td><td></td></tr>
<tr><td>Streuung</td><td>700–1360</td><td>680–1010</td><td></td></tr>
<tr><td rowspan="2">wassersatt</td><td>Mittelwert</td><td>900</td><td>1050</td><td></td></tr>
<tr><td>Streuung</td><td>740–1240</td><td>750–1460</td><td></td></tr>
<tr><td rowspan="2">25 × Frost-Tauwechsel</td><td>Mittelwert</td><td>770</td><td>880</td><td></td></tr>
<tr><td>Streuung</td><td>620–1060</td><td>620–1060</td><td></td></tr>
<tr><td colspan="2">lufttrocken 25 × Hitzeabschreckung</td><td>470–860</td><td>480–930</td><td></td></tr>
<tr><td rowspan="4">statischer E-Modul kp/cm²</td><td rowspan="2">senkrecht zur Schieferung</td><td>Mittelwert</td><td colspan="2">194000</td><td></td></tr>
<tr><td>Streuung</td><td colspan="2">168000–244000</td><td></td></tr>
<tr><td rowspan="2">parallel zur Schieferung</td><td>Mittelwert</td><td colspan="2">219000</td><td></td></tr>
<tr><td>Streuung</td><td colspan="2">143000–327000</td><td></td></tr>
<tr><td rowspan="2">Scherfestigkeit kp/cm²</td><td colspan="2">Scherfläche und Beanspruchung senkrecht zur Schieferung</td><td>340</td><td>246–406</td><td></td></tr>
<tr><td colspan="2">Scherfläche senkrecht zur Schieferung Beanspruchung parallel zur Schieferung</td><td>559</td><td>375–883</td><td></td></tr>
<tr><td rowspan="2">Säurebeständigkeit Massezunahme, in %</td><td colspan="2">14 Tage</td><td></td><td></td><td>0,27 (0,16–0,35)</td></tr>
<tr><td colspan="2">28 Tage</td><td>0,10</td><td>0,17</td><td>0,16 (0,12–0,21)</td></tr>
</table>

[1]) Zusammengestellt nach Prüfungsberichten vom DAMW, Prüfdienststelle Leipzig und Weimar, und vom Institut für Grubensicherheit, Leipzig

Material) in der Betriebsabteilung Lehesten des VEB Vereinigte Thüringische Schiefergruben Unterloquitz ausgehalten und der Schleiferei dieses Betriebes zugeführt.

Der Abbau erfolgt bei den oberflächennahen Lagerteilen im Tagebau, ansonsten im Tiefbau (s. Abb. 4).

Zum Tagebaubetrieb: Abraumbeseitigung und Gewinnung gehen mehrstrossig vor sich (maximale Höhe der Strossen im Abraum 15 m, in der Gewinnung 12 m). Auf 1 t Rohstein entfallen ca. 4–5 m³ Abraum! Der Abraum wird mittels Großbohrlochsprengungen gelöst (verschiedene Typen von Bohrgeräten für drehendes und drehschlagendes Bohren, Bohrlochkaliber zwischen 65 mm und 110 mm). Als Sprengstoff werden Dekamon und Gelatinedonarit verwendet. Die Ladearbeit erfolgt durch Bagger verschiedener Größe (UB 162–UB 20). Die Förderung zur Halde wird mit Dumpern DR 50 und Einachsschleppern T 180 ausgeführt. Die Gewinnung geschieht möglichst schonend: Kleinkalibrige Bohrlöcher, von Hand mit BH 16 und BH 26s gebohrt, werden weitgehend mit Schwarzpulver besetzt. Das Einsetzen der Rückwände geschieht mittels Ingersoll-Stoßschrämmaschine. Abbauversuche mit der Seilsäge und einer französischen Kettenschrämmaschine haben stattgefunden. Das hereingewonnene Haufwerk wird am Böschungsfuß manuell „ausgeteilt", sortiert und von Hand (der Rohstein ausschließlich; auf 2,5-t-Plattenwagen) oder mittels Ladegeräts (T 157, verschiedene Arten von Mobilbaggern) auf 0,75-m³-Muldenkipper geladen. Die Förderung der Schutte zur Halde erfolgt durch Dumper.

Der jahrhundertealte Tagebau in Lehesten hat mit seinen einzelnen Gewinnungs-„Räumen" (s. Abb. 3 a) ein Ausmaß von ca. 900 m Länge, 300 m Breite und 90 m Tiefe erreicht.

Der Tiefbau geht z. Z. auf zwei Sohlen um. Die Förderstrecken werden im Nebengestein aufgefahren. Die Ladearbeit hierbei geschieht mit Wurfschaufelladern (PML 63). Als Abbauverfahren wird der sogenannte „Rheinische Abbau" angewandt (Kammerbau mit firstenstoßähnlichem Verhieb und Selbstversatz). Als Abbauparameter für dieses Abbauverfahren gelten: maximal 50 m querschlägige Länge, 10 m streichende Breite, Bauhöhe nur durch darüberliegende alte Abbaue oder Lagersattelungen oder ähnliche geologische Strukturen begrenzt. Die Gewinnungsprinzipien entsprechen grundsätzlich denen im Tagebau. Zur Abbauförderung dienen Haspelberge. Die Streckenförderung ist gleisgebunden (Einsatz von Akkuloks EL 9 und Metallist). Die Aufwärtsförderung erfolgt durch einen 2trümigen Schacht von 135 m Teufe.

5. Verarbeitung zu Werk- und Dekorationssteinen

Die Schleiferei der Betriebsabteilung Lehesten als Werk- und Dekorationssteine produzierender Teil besteht — zunächst an anderer Stelle als heute — mindestens seit Ende des vorigen Jahrhunderts.

Die der Schleiferei zugeführten Platten werden entweder nur manuell bearbeitet (zu 2,5 bis 5 cm starken Garten- und Bodenplatten aufgespalten, Flächen und Kanten bleiben bruchrauh) oder maschinell gesägt und — je nach Erzeugnis — gehobelt und geschliffen.

Aus dem relativ großformatigen Rohmaterial werden gefertigt: Gartenplatten, Rasenrandsteine, Gartenbeeteinfassungen, Mauerverblendsteine, Mauerecken, Leibungen, Fußbodenplatten, Wandplatten, Fensterbänke, Sockelleisten, Pfeiler- und Schornsteinabdeckplatten, Isolierplatten.

Aus Schnittabfällen der Dachschiefer- und Werksteinfertigung werden neuerdings Riemchen verschiedener Ab-

Abb. 4a. Untertägige Gewinnungsarbeiten in der Betriebsabteilung „Glückauf" Unterloquitz (Fot. DEYLIG)

Abb. 4b. Schieferplatten, spaltrauh und beschnitten

Abb. 4c. Mit hellem Fugenkitt versetzte Wandplatten

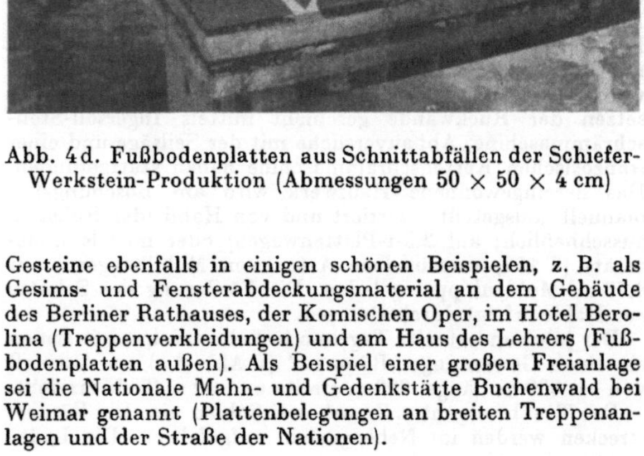

Abb. 4d. Fußbodenplatten aus Schnittabfällen der Schiefer-Werkstein-Produktion (Abmessungen 50 × 50 × 4 cm)

messungen und vorgefertigte Riemchenplatten sowie zementgebundene Fußbodenplatten mit Schieferstücken unregelmäßiger Form und unterschiedlicher Größe hergestellt (Abb. 4 b–d).

Der Wertumfang der Schleifereiproduktion ist für 1970 mit ca. 500000 M geplant. Dafür stehen 10 Arbeitskräfte zur Verfügung.

6. Der thüringische Dachschiefer als Werk- und Dekorationsstein im heutigen Bauwesen

Im Bauwesen der DDR ist der Thüringer Dachschiefer bisher relativ wenig angewendet worden. Aus betriebsökonomischen Gründen war man in den Dachschieferbetrieben bemüht, möglichst große Mengen an Rohstein der Dachschiefergewinnung als dem gewinnbringendsten Zweig der Schieferindustrie zuzuführen (Abgabepreis für Dachschiefer ca. 500,– M je t, für Mauerecken z. B. nur etwa 60,– M je t). Andererseits war die Nachfrage nach dunklem Werk- und Dekorationsstein aus Schiefer auch vornehmlich auf den in größeren Rohblöcken anfallenden Theumaer Fruchtschiefer gerichtet.

Eine kontinuierliche Verwendung als Werk- und Dekorationsstein fand der Thüringer Dachschiefer bei kleineren Bauten, wie Ein- und Mehrfamilienhäusern, Bungalows u. ä., sowie in der Gartenarchitektur vorwiegend im Thüringischen Schiefergebirge selbst. An derartigen Bauten ist die dekorative Wirkung dieses Gesteins z. T. überzeugend sichtbar.

Aus dem Städtebau der DDR sollen zwei Beispiele aufgeführt werden. Für die erste sozialistische Straße der Bezirkshauptstadt Rostock wurden in einigen Wohnblöcken (Lange Straße) für eine dekorative Ausgestaltung der Treppenhäuser thüringische Dachschiefer verwendet (Türgewände, Tritt- und Setzstufen, Sockelleisten, Fenstersohlbänke, Podestplatten). Das Bauwesen der Hauptstadt der DDR zeigt diese Gesteine ebenfalls in einigen schönen Beispielen, z. B. als Gesims- und Fensterabdeckungsmaterial an dem Gebäude des Berliner Rathauses, der Komischen Oper, im Hotel Berolina (Treppenverkleidungen) und am Haus des Lehrers (Fußbodenplatten außen). Als Beispiel einer großen Freianlage sei die Nationale Mahn- und Gedenkstätte Buchenwald bei Weimar genannt (Plattenbelegungen an breiten Treppenanlagen und der Straße der Nationen).

Zur Zeit werden im Bauwesen der DDR an Repräsentativbauten etwa 800–2000 m² Schieferplatten im Jahr verarbeitet.

7. Zur Perspektive des thüringischen Dachschiefers als Werk- und Dekorationsstein

Folgende Anwendungsbereiche des thüringischen Dachschiefers als Werk- und Dekorationsstein im modernen Bauwesen scheinen sich abzuzeichnen:

a) in der Innenarchitektur die Dekoration von Treppen- und Foyerwänden mit Schieferplatten, wobei durch unterschiedliche Bearbeitungsart, durch verschiedene Plattenformen und eine künstlerische Gestaltung der Verlegung sowie durch Kombination mit anderen Schiefern (z. B. mit grüngrauen Phycodenschiefern) bedeutende ästhetische Effekte zu erzielen sind;

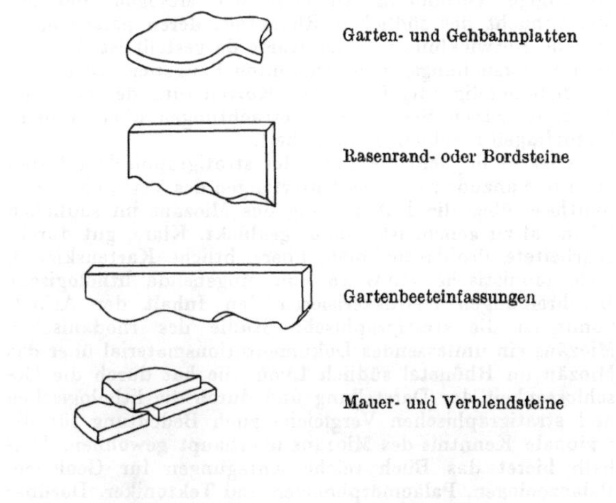

Abb. 5. Zusammenstellung der Werk- und Dekorationssteine aus thüringischem Dachschiefer (im wesentlichen nach Baustoffkatalog Schiefer 1962)

b) Verkleidung und Dekoration von Fassadenflächen im Außenbau mit möglichst großformatigen Schieferplatten. Auch hier ist die geschickte Kombination mit anderen Natursteinen möglich. Es soll besonders betont werden, daß der thüringische Dachschiefer auch auf den Wetterseiten nicht ausbleicht;

c) zur Gestaltung von Fenster- und Türgewänden;

d) in der Gartenarchitektur in bewährter Weise als naturumgrenzte Wegplatten, Trockenmauerwerke, Sitzbänke, Tischplatten usw. und

e) zur Herstellung von zementgebundenen Fußbodenplatten mit eingelegten Schieferstücken bzw. zur Produktion von Agglomeratmarmor mit verschiedenen Natursteinzuschlägen, darunter Schiefermaterial.

Zusammenfassung

Nach einer kurzen Übersicht über den geologischen Bau des thüringischen Dachschieferreviers werden die petrographischen und gesteinstechnischen Eigenschaften angegeben. Die Verwendung der Thüringer Dachschiefer als Werk- und Dekorationsstein wird diskutiert.

Резюме

После кроткого обзора геологического строения Тюрингской области развития кровельного сланца сообщаются его петрографические и механические свойства. Обсуждается использование тюрингского кровельного сланца в качестве строительного и декоративного камня.

Summary

A brief review of the geological structure of the Thuringian district of roofing slate is followed by a description of its petrographical and rock-technical properties. Its use as an ashlar and decoration stone is discussed.

Literatur

Anonymus: Slate roofs. – Mazista Slate Quarries Lim., Johannesburg um 1930.

BANKWITZ, P.: Elemente der Schiefergebirgstektonik. – Ber. geol. Ges., 10, 249–263, Berlin 1965.

FOUGEROUX DE BONDAROY: Die Kunst, den Schiefer aus den Steinbrüchen zu brechen, ihn zu spalten und zu schneiden. – 1763.

PFEIFFER, H.: Die Tektonik des Dachschiefers im Thüringer Schiefergebirge. – Geologie, 4, 7/8, 615–640, Berlin 1955.

– Ergebnisse von Kernbohrungen im Dachschiefergebiet von Lehesten/Th. – Z. angew. Geol., 2, 4, 149–153, Berlin 1956 [1956a].

– Die Steinerne Heide und ihr Schieferbergbau. – Unveröff. Ms. (1956) [1956b].

– Vorschlag zur Gliederung des thüringischen Kulms auf der Grundlage von Großrhythmen. – Jb. Geol., 2, 719–754, Berlin 1968.

RICHTER, D.: Die δ-Achsen und ihre räumlich-geometrischen Beziehungen zu Faltenbau und Schiefrigkeit. – Geol. Mitt., 2, 1–35, Aachen 1961.

SCHROEDER, E.: Beiträge zur Schiefergebirgstektonik in Ostthüringen. – Abh. deutsch. Akad. Wiss., Kl. Chemie, 4, 1965, Berlin 1966.

SCHROEDER, E., P. BANKWITZ & H.-J. PAECH: Bericht über tektonische Untersuchungen in der Dachschiefergrube Bocksberg bei Probstzella/Thür. – Unveröff. Ms. geotekton. Inst. deutsch. Akad. Wiss., Berlin 1963.

SCHUBERT, R.: Der Einfluß der Tektonik auf den Abbau und die Aufbereitung des thüringischen Dachschiefers. – Z. angew. Geol., 14, 520–525, Berlin 1968.

SCHUBERT, R., & J. BÖTTCHER: Kluftmessungen Grube Lehesten. (Auswertung: F. GEORGI). – Unveröff. F/E-Ber. Inst. Grubensicherheit Leipzig, Abt. Gebirgsmech. (1965).

– Über Rohstoffbasen für die Porensinterproduktion auf Tonschiefergrundlage im thüringisch-vogtländischen Raum. – Baustoffindustrie, 7, 218 bis 221, Berlin 1967.

– Überblick über die zur Dachschiefergewinnung genutzten Schieferhorizonte und deren Abbaugebiete. – Schieferinformation, 2, 2/3, 14–16, Unterloquitz 1969.

SCHUBERT, R., & F. STAMMBERGER: Die Berechnung von Dachschiefervorräten in Lagerstätten. – Z. angew. Geol., 10, 593–597, Berlin 1964.

SCHWAN, W.: Die Frankenwälder Querzone. – Abh. deutsch. Akad. Wiss., Kl. Math.-Nat., 6, 1954, Berlin 1956.

TOEPFER, V., & K. NUGLISCH: Paläolithikum und eiszeitliche Tierwelt im Flußgebiet der Elster und Saale südwestlich Leipzig. – Exkurs.-Führer Pleistozän im sächs.-thür. Raum, 155–168, Herbsttag. geol. Ges. DDR (1962).

Buchbesprechungen

DEMARQ, G.

Etude stratigraphique du Miocène rhodanien

Paris: Bureau de Recherches géologiques et minières, mémoires Nr. 61, 1970. — 257 S., davon 234 S. Text, 13 S. Lit. mit 278 Titeln, 4 Taf., 56 Fig., 4 Tab.

Der Autor legte diese Arbeit als eine unter Leitung von Prof. PRUVOST angefertigte Dissertation 1962 in Paris vor. Viele Beobachtungen konnte er bei der Mitarbeit an der geologischen Karte von Frankreich auf den entsprechenden Blättern zur Darstellung bringen.

Er hat in gleicher Richtung weitergearbeitet und hat, inzwischen als Professor in Lyon, auch zahlreiche biostratigraphische Themen, hauptsächlich des Tertiärs und im besonderen des mediterranen Neogens, bearbeiten lassen. Die Modifizierung der im vorliegenden Band dargelegten Ergebnisse und neue Synthesen werden auf dem V. Kongreß des mediterranen Neogens vorgelegt, der 1971 in Lyon durchgeführt werden wird.

Aufgabe und Ziel der Arbeit waren, die stratigraphischen Beziehungen der verschiedenen miozänen Bildungen des unteren Rhônetals zwischen Lyon und der Mündung zu untersuchen, sie zu revidieren und eine erste Synthese des Rhône-Miozäns zu geben. Der Verf. begann seine Studien in dem in diesem Gebiet zentral gelegenen Becken von Valréas. Die hier reichlich Fossilien führenden Sedimente bilden eine vollständige stratigraphische Einheit und sind die Typusregion für das Rhône-Miozän. Nach dem Vorwort und einer kurzen Einführung ist der Stoff in sieben Teile gegliedert. Die Hauptteile 1 bis 6 befassen sich mit der Ausbildung des Miozäns in den einzelnen Becken, Teil 7 gibt mit Synthese und Korrelationen eine Zusammenfassung der Ergebnisse.

Im Becken von Valréas gingen die Untersuchungen von einem 12 km langen NW—SE-Profil zwischen Chantemerle und Visan aus, auf das sie sich stützen. Das Burdigal beginnt mit detritischer Fazies und geht über Mergelkalke in Kalkmolasse über. Den Begriff Molasse verwendet der Verf. lediglich petrographisch. In das Helvet werden sandige Mergel sowie Sande und Kiese gestellt. FONTANNES bezeichnete die mergeligen Sande und die Molasse von Grignane als „Sande und Kiese mit *Ostrea crassissima* Lmk". Die „Sande und Kiese von Valréas", quarzig-gelbliche Sande, vertreten das mittlere und höhere Helvet, während marine und lakustre sandige Mergel und die Konglomerate zum Torton und Pont gestellt werden und den Abschluß des Miozäns bilden. Gegen die Beckenränder zu variieren die typischen Sedimente. Das Burdigal ist hier reduziert, und nach Bohrprofilen ist im unteren Helvet eine kiesige zoogene Molasse ausgebildet.

Im Gebiet von Montpellier wurden die Reste der burdigalischen Molasse und die Ausstriche des Helvets verfolgt. Im Becken von Crest wechselt die fazielle Ausbildung der fossilreichen Sedimente des Burdigals ziemlich stark. Das ca. 250 m mächtige Vindobon wird von 200 m sterilen Sanden und Kiesen, 12 m Kiesen und 30—60 m mergeligen Sanden und fossilführender Molasse vertreten. Das Torton wechselt von marin bis lakustrisch.

Besonders ausführlich (S. 67—112) wird an Aufschlüssen, Ausstrichen und Bohrprofilen die Ausbildung des Miozäns in der Bas-Dauphiné beschrieben. Die Beziehungen des Burdigals von Vercors zu gleichen Sedimenten in der Schweiz, das Vindobon und das Pont der Voralpenketten und der Molassehügel werden dargestellt.

Im Becken von Faucob—Mollans—Malaucène ist ein geschlossenes Profil vom Burdigal bis zum höheren fluviolakustren Torton entwickelt. Dabei weisen die Basissedimente — Burdigal und unteres Helvet — viele Besonderheiten in ihren Sedimentationsbedingungen und in den seitlichen Faziesübergängen auf. Blaue Mergel, rote Kiese und gelbe Sande und Kiese treten in dieser Serie besonders auffällig in Erscheinung.

An Hand von Bohrprofilen wird die Ausbildung der marinen Serie in der Camargue und in ihren Randgebieten in Verbindung mit Oberflächenbeobachtungen geschildert. Zwei Aufschlüsse zeigen marines Aquitan.

Durch einige Pforten kommunizierte das Burdigal-Meer mit dem Durance-Becken, wo es reichlich fossilführende Sedimente ablagerte. Das Helvet enthält in der Region von Mirabeau fluvioterrestre Zwischenlagen. Der Südrand des Luberon wird von kontinentalem höherem Miozän aufgebaut.

In der Gesamtbetrachtung zeigt sich, daß die Ausbildung der Basisschichten des Burdigals stark von ihrem Liegenden abhängt. Auf einem kalkigen Substrat konnten sich organogene Kalke bilden. Alle miozänen Sedimente zeigen in ihrer klassischen Folge Kies—Mergel—Kalk bei starken Mächtigkeitsschwankungen häufige laterale Übergänge. Die lithologische Heterogenität im Burdigal und Helvet ist an vormiozäne Strukturen gebunden, bei deren Entstehung die frühtertiäre submarine Erosion eine Rolle spielte. Der „untermeerische provenzalische Archipel" verhinderte eine großzügige Verbindung zwischen der Mesogäa und der Miozänbucht des südlichen Rhônetals, deren paläogeographische Entwicklung in einer Karte dargestellt ist. Die aus dem Untersuchungsgebiet bekannten Säugetierfaunen werden listenmäßig aufgeführt. Die Korrelierung der verschiedenen miozänen Serien und Betrachtungen über Nomenklaturfragen beschließen die Arbeit.

Es ist unmöglich, die Fülle der stratigraphischen Daten auch nur anzudeuten. Das Unterfangen des Verf., eine erste Synthese über die Entwicklung des Miozäns im südlichen Rhônetal zu geben, ist vollauf geglückt. Klare, gut durchgearbeitete Profilaufnahmen, übersichtliche Kartenskizzen, viele faunistische Hinweise und eingehende lithologische Beschreibungen charakterisieren den Inhalt der Arbeit. Somit ist die stratigraphische Studie des rhodanischen Miozäns ein umfassendes Dokumentationsmaterial über das Miozän im Rhônetal südlich Lyon. Sie hat durch die Geschlossenheit der Darstellung und durch die lithologischen und stratigraphischen Vergleiche auch Bedeutung für die regionale Kenntnis des Miozäns überhaupt gewonnen. Deshalb bietet das Buch reiche Anregungen für Geologen, Paläozoologen, Paläomorphologen und Tektoniker. Darüber hinaus ist es die Grundlage für die Kenntnis des Miozäns in Südfrankreich. Die drucktechnische Ausstattung des Buches ist recht gut. Somit erweist sich auch Nr. 61 der Mémoires des B. R. G. M. als ein in jeder Hinsicht wirkungsvoller Band.

K. DETTE

AHRENS, L. H. (Hrsg.)

Origin and distribution of the elements

„Pergamon Press", Oxford, London, Edinburgh, New York, Toronto, Sydney, Paris, Braunschweig (1968). 1. Aufl., Bd. 30 der „International Series of Monographs in Earth Sciences", 1178 S.

Im vorliegenden Sammelband sind Arbeiten zusammengefaßt, die im Rahmen eines gemeinsam von der UNESCO und IUGS veranstalteten Symposiums im Mai 1967 in Paris vorgetragen wurden. Dieses Symposium führte Spezialisten so unterschiedlicher Fachrichtungen wie Kosmochemie, Geochemie, Geophysik, Biophysik und Biochemie zusammen. Der Sammelband enthält 85 Arbeiten von mehr als 200 Autoren. Die Fülle der Informationen, die dieses Buch enthält, kann in der Besprechung nur angedeutet werden.

Der Sammelband gliedert sich in folgende Kapitel: Sektion I „Theorien der Elementbildung" (Redaktion: A. G. W. CAMERON). Dieses Kapitel enthält auf 123 Seiten 11 Arbeiten zu physikalischen Problemen der Nukleosynthese, darunter von FOULER: „Die empirischen Grundlagen der Nukleosynthese"; von CLAYTON: „Die Nukleosynthese der Pb-Isotope"; von TRURAN u. a.: „Nukleosynthese bei Supernova-Explosionen". Interessant ist die Arbeit von PRICE u. a.: „Die Verwendung der Kernpartikel-tracks in Feststoffen zur Untersuchung der Verteilung einiger Elemente in der Natur und im kosmischen Raum". BERNAS u. a. berichten über die Nukleosynthese von Li, Be und B und die Bildung des

Sonnensystems. CAMERON diskutiert die neuesten Gehaltstabellen und Verteilungsdiagramme der chemischen Elemente im Sonnensystem.

In der Sektion II „Solare, stellare und interstellare Gehalte" (Redaktion: W. P. BIDELMAN) sind auf 93 Seiten 10 astrochemische Arbeiten veröffentlicht. ALLER berichtet über die chemische Zusammensetzung der normalen stellaren Atmosphäre sowie über die chemische Zusammensetzung diffuser Nebel; MÜLLER über die Zusammensetzung der Sonne; POTTASH über die Zusammensetzung der Sonnenkorona. Die chemische Zusammensetzung alter Sterne referiert PAGEL, die Zusammensetzung später Sterntypen WARNER. Über den Elementgehalt magnetischer Sterne berichtet BIDELMAN. HACK behandelt das Problem der Verteilung von Li und der leichten Elemente D, Be und B im Raum.

Die Sektion III „Meteorite" (Redaktion: J. F. LOVERING) enthält auf 241 Seiten insgesamt 21 Arbeiten. UREY behandelt das Problem der chemischen Zusammensetzung von Meteoriten. SUESS vergleicht die chemische Zusammensetzung der Meteorite mit dem Elementgehalt der Sonne. AHRENS & MICHAELIS berichten von der Fraktionierung einiger lithophiler Elemente in Chondriten. Mehrere Arbeiten behandeln die Gehalte an volatilen Elementen, Seltenen Erden, In, Au, Ir, Hg, Ne, Xe, K, Ar, Cl in Meteoriten verschiedener Zusammensetzung. Andere Autoren diskutieren die Spurenelementverteilung in den Metallphasen von Chondriten und Eisenmeteoriten, die Variationen der Kristallmorphologie von Magnetiteinschlüssen in verschiedenartigen Meteoriten sowie über das Alter von Meteoriten und dessen Bestimmung.

Die Sektion IV „Planeten, Asteroiden, Kometen, Tektite" (Redaktion: A. DOLLFUS) umfaßt nur 5 Arbeiten auf 53 Seiten. OWEN berichtet über die chemische Zusammensetzung der planetaren Atmosphäre, ZELLER & RONCA referieren zu Problemen der Oberflächengeochemie fester Körper. Die Beiträge von MILLS und TAYLOR betreffen die Geochemie von Tektiten aus unterschiedlichen Fundpunkten. Eine Arbeit befaßt sich mit der Dichte des kosmischen Staubes im interplanetaren Raum (RHEE).

Den umfangreichsten Teil des vorliegenden Sammelbandes nimmt die Sektion V „Terrestrische Elementverteilungen" (Redaktiom M. FORNASERI) mit 42 Arbeiten auf 615 Seiten ein. Dieses Kapitel gliedert sich in folgende Abschnitte: a) Elementverteilung in der Kruste, in Granitoiden und Ultrabasiten; b) Sauerstoff, Kalium, Rubidium, Uran, Thorium, Seltene Erden und Gase; c) Sedimentgesteine, Wässer und Verschiedenes. Größere Arbeiten von grundlegender Bedeutung auf dem Gebiet der Geochemie magmatischer Gesteine veröffentlichen TUREKIAN: „Die Zusammensetzung der Erdkruste", TAYLOR: „Die Geochemie der Andesite", BARTH: „Die geochemische Entwicklung kontinentaler Gesteine, ein Modell", SCHROLL: „Die Häufigkeit der chemischen Elemente in den Hauptgesteinstypen der Lithosphäre in bezug auf ein Korrelationssystem", VOLBORTH: „Über Verteilung und Rolle des Sauerstoffs in der Geochemie der Erdkruste" und TAUSON: „Verteilungsgesetzmäßigkeiten der Spurenelemente in Granitoidintrusionen vom Batholith- und vom hypabyssischen Typ". Mehrere Autoren beschäftigen sich mit der Verteilung der seltenen Elemente in der Kruste (vorwiegend in Granitoiden) und mit der Klärung ihrer Verteilungsfunktionen (KUZMIN, KOSLOW, TAUSON u. a., BEUS). Über die Geochemie des Sn, Nb, Ta, Zr und Hf in den Granitoiden Nigerias berichten TUGARINOW u. a., über die Pegmatite Jugoslawiens PAVLOVIC & NIKOLIC, über die Spurenelementverteilung in Granitplutonen des Schwarzwaldes HAHN-WEINHEIMER & JOHANNING. Die Be-Verteilung in den Graniten der Schweizer Alpen diskutieren HÜGI u. a.; die Verteilung von Li, K und Na in Ultrabasiten der Alpen MAKSIMOVITSCH; Pb in Feldspäten dinarischer Eruptiva CUTURIĆ u. a. Mehrere Arbeiten bringen neue Ergebnisse über die Verteilung der Seltenen Erden in der Kruste: HASKIN u. a.: „Relative und absolute Verteilung der Seltenen Erden auf der Erde", SCHNETZLER & PHILPOTTS: „Die Verteilungskoeffizienten der Seltenen Erden und des Bariums in der Gesteinsmatrix und in Mineral-Phenokristallen; die Entstehung der kontinentalen Diabase und der Ozean-Tholeiite im Lichte unterschiedlicher Verteilungskoeffizienten der Seltenen Erden und Ba". ERLANK berichtet über die Beziehungen zwischen K und Rb in der Kruste. Die Verteilung der radioaktiven Elemente in den Gesteinen des Kanadischen Schildes und im Inneren der Erde diskutiert SHAW. BRANDT u. a. behandeln die Verteilung radiogener Gase in den Exokontakt-Regionen von Instrusivkörpern. Über Heliumvorkommen in Erdgas berichten CHOWDHURY & BANERJEE. Einen interessanten Beitrag über die Veränderung der CO-Gehalte in der Atmosphäre im Verlaufe der geologischen Entwicklung bringt HOLLAND.

Zu verschiedenen Problemen der Geochemie des sedimentären Bereiches äußern sich mehrere Autoren in 12 Arbeiten. SPENCER u. a. berichten am Beispiel rezenter Sedimente des Golfs von Paria (Trinidad) von Faktoren, die die Elementverteilung in Sedimenten beeinflussen. WEDEPOHL behandelt die Fraktionierung der chemischen Elemente im sedimentären Bereich. Die neuesten CLARKE-Zahlen, CLARKE-Verhältniswerte sowie die Elementgehalte in Meer- und Süßwasser werden mitgeteilt. Säkulare Änderungen der chemischen Zusammensetzung des Meerwassers diskutiert SUGAWARA. ATAMAN & LUCAS besprechen die Beziehungen zwischen der Verteilung chemischer Elemente in den Tonmineralen und der Paläogeographie triassischer Sedimente aus dem französischen Jura, BIENNER u. a. die Verteilung von Spurenelementen K, Fe, und C_{org} in den Sedimenten des Pariser Beckens. In diesem Artikel werden die Untersuchungs- und Auswertemethoden (Einsatz der EDV) ausführlich beschrieben. Ergebnisse der hydrochemischen Prospektion auf Hg in Italien teilt DALL'AGLIO mit. Über Analysenfehler, Vergleichsstandards und Ergebnisse bei der Untersuchung der Fluorgehalte in einem italienischen Granodiorit berichten MARTINI & TORANI. Den Einfluß der Strukturfaktoren auf die statistische Untersuchung der Elementverteilung teilt LEYMARIE mit. GONI & GUILLEMIN bestimmten durch Präzisionsmessungen den Sitz der Spurenelemente in ausgewählten Mineralen und Gesteinen und die geochemische Mobilität dieser Elemente bei der Verwitterung. RÖSLER, SCHRÖN & VOLAND teilen die Ergebnisse eines Vergleichs regionaler Durchschnittsgehalte mit den CLARKE-Werten der Elemente Germanium und Indium mit.

Durch ein 14 Seiten umfassendes Namenregister wird der Sammelband ergänzt.

Auch dieser 30. Band der „International Series of Monographs in Earth Sciences" gibt dem Geowissenschaftler (und darüber hinaus dem Astrophysiker und Astrochemiker) neue Hinweise und wertvolle Impulse für die eigenen Arbeiten.

P. KRÜGER

GRASSHOFF, H., P. SIEDEK & G. KÜBLER

Erd- und Grundbau
Band II der Bautechnischen Tabellensammlung
Teil 3: Erdbau und Erddruck

Düsseldorf: Werner-Verlag 1969. 200 S., 97 Abb., 25 Tab., Balacron DM 40,—

Das in Fachkreisen anerkannte Tabellenwerk „Erd- und Grundbau" von GRASSHOFF, SIEDEK & KÜBLER wird, nachdem 1967 Teil 1 „Geologie, Bodenuntersuchungen, Bodenkennwerte" und Teil 2 „Gründungen und Tragfähigkeit der Bodenarten" vorgelegt wurden, durch den nunmehr erschienenen Teil 3 „Erdbau und Erddruck" erheblich erweitert.

Bei der Bearbeitung dieses Teils wurde im wesentlichen an der bereits in den Teilen 1 und 2 praktizierten Darstellung und Aufteilung des Stoffes festgehalten, wobei einzelne Abschnitte verschiedener einschlägiger westdeutscher Normen, Richtlinien, Arbeitsanweisungen, Merkblätter usw. aus dem Gesamttext herausgenommen, nach Anwendungsgebieten zusammengestellt und kommentiert werden.

Der erste Hauptabschnitt des Buches umfaßt den Erdbau, wobei in zwölf Kapiteln auf neunzig Seiten u. a. folgende Probleme behandelt werden:

Vorbereitende Arbeiten

Anfertigung und Auswertung von geologischen und bodenmechanischen Gutachten für Bauentwurf, Ausschreibung und Kalkulation

Freimachen des Baufeldes

Beseitigung des Aufwuchses, Mutterbodenabtrag

Bodenabtrag
Gewinnen des Bodens, Felsarbeiten

Einbau und Verdichtung des Bodens
Einbau, Verdichtung, Verdichtungsgeräte und deren Leistung (mit Tabellen), Arbeiten bei und nach Frostwetter

Hinterfüllen und Überschütten von Bauwerken
u. a. zu verwendende Lockergesteinsarten

Verbesserung des Bodens
Kornverbesserung (z. B. durch Beimischung anderer Korngruppen oder Ersatz z. B. bindiger durch rollige Lockergesteine), Verbesserung bindiger Lockergesteine durch Kalk (u. a. Wahl der richtigen Kalkart, Anwendungsgebiete der Kalkstabilisierung, Überprüfung der Verdichtung)

Böschungen
Einschnittsböschungen und natürliche Hänge, Dammböschungen, Gestaltung (u. a. Querschnittsgestaltung und Böschungsneigungen) und Sicherung der Böschungen, Böschungen an Gewässern, Baugrubenböschungen, Begrünen und Bepflanzen von Böschungen, Wiederherstellen beschädigter Böschungen, Sanierung (Verfestigung) von Rutschungen, weiterhin Feldaufnahme bei Böschungsrutschungen

Dämme auf wenig tragfähigem Untergrund
Berechnung der Standsicherheit, Maßnahmen beim Bau von Straßen ohne, mit teilweiser und mit vollständiger Moorbeseitigung, Sondermaßnahmen (Pfahlgründungen), Ausbau bestehender Straßen, Brücken und Durchlässe, Entwässerungsmaßnahmen

Erdplanum
Behandlung des Erdplanums im Straßen- und im Eisenbahnbau

Frostschutzmaßnahmen
Erscheinungsformen und Voraussetzungen für die Entstehung von Frostschäden, Untersuchungen zur Verhütung von Frostschäden und Maßnahmen gegen Frostschäden, Bemessung der Frostschutzschichten

Prüfung und Abnahme
Prüfung (Ermittlung der Eignung der Lockergesteine für Schüttungen und Frostschutzschichten, Ermittlung der Proctor- und Tragfähigkeitswerte der Schüttungen, des Erdplanums usw.) und Abnahme von Erdbauwerken

Wasser im Boden
Arten des Wassers (z. B. Grundwasser, Sickerwasser, Schichtwasser, Hangwasser, Porensaugwasser, Haftwasser — in Abhängigkeit ihres Verhaltens zum Wasser werden 5 „Bodengruppen" ausgegliedert), Entwässerung der Böschungen, des Erdplanums und der Frostschutzschicht von Straßen, unterirdische Entwässerungsanlagen, Anlagen für die Ableitung des gesammelten Wassers.

Der zweite Hauptabschnitt „Erddruck" beginnt mit den Definitionen; es werden nach dem Drehsinn aktiver Erddruck E_a (positiver Drehsinn), passiver Erddruck oder Erdwiderstand E_p (negativer Drehsinn) und Erdruhedruck E_0 (keine Drehung) unterschieden. Anschließend werden die Grundformeln (für ebene Gleitflächen nach COULOMB) zur Errechnung des Erddruckes und der Erddruckbeiwerte angegeben. Die folgenden Kapitel beinhalten die Beziehungen Erddruck und Wandbewegung, d. h. den Einfluß der Bewegung eines Stützbauwerkes auf Größe und Richtung des Erddruckes, sowie die für die Ermittlung der Erddrücke wichtigsten physikalisch-mechanischen Kennwerte (Raumgewicht, Winkel der inneren Reibung, Kohäsion). Zum folgenden Kapitel „Bestimmung des Erddruckes" gehören umfangreiche Tabellen und Nomogramme zur Errechnung der Erddruckbeiwerte sowie Konstruktionen zur zeichnerischen Ermittlung des Erddruckes (nach PONCELET), wobei die Vor- und Nachteile bei der Anwendung der einzelnen Methoden genannt werden. Anschließend wird der Einfluß verschiedener Arten von Lasten (konstante Geländeauflast, Linienlast an der Geländeoberfläche, unregelmäßige Geländeauflast) behandelt. Im letzten Kapitel des zweiten Hauptabschnittes wird auf die Sonderfälle eingegangen. Hierzu zählen die Verfasser: Erddruck an schmalen Bauwerken, Erddruck auf Rohrleitungen und Rohrgräben (mit konstruktiven Empfehlungen für die Anlage von Rohrleitungen) sowie Silodrücke.

Zusammenfassend kann festgestellt werden, daß das gut ausgestattete und handliche Buch eine (vor allem im ersten Hauptabschnitt) nützliche Arbeitsunterlage auch für den Ingenieurgeologen darstellt. Der Wert des Buches für den Ingenieurgeologen wird vor allem darin gesehen, daß es ihn näher an die Probleme des Tiefbau- bzw. Grundbauingenieurs heranführt, was sich im Interesse einer beiderseitigen Zusammenarbeit (z. B. hinsichtlich der Aufstellung von ingenieurgeologischen Gutachten für den Erdbau, bei der Beurteilung von Böschungen, Angaben über Frostschutzmaßnahmen) nur günstig auswirken kann. M. LANGE

Neuerscheinungen und Literaturhinweise

Der regionale Metamorphismus und die metamorphogene Erzbildung
Leningrad: Verlag Nauka 1970. 314 S., getr. Abb., Tab., Lit.

GLEISER, N. I.
Die Bestimmung der physikalischen Charakteristik von Gesteinen in der markscheiderisch-geologischen Praxis
Moskau: Verlag Nedra 1969. 76 S., 5 Tab., 15 Abb., 114 Lit.

GORKOWA, I. M., u. a.
Die komplexe Bewertung der ingenieurgeologischen Eigenschaften von Ton- und Lößgesteinen
Moskau: Verlag Nauka 1969. 118 S., 80 Lit.

KANSKI, N. E.
Die Lithologie der jurassischen Ablagerungen der Dnepr—Donez-Senke
Charkow: Verlag der Chark. Univ. 1969. 217 S., 26 Abb., 1 Tab., 252 Lit.

KUSNEZOWA, K. I.
Die Gesetzmäßigkeiten der Zerstörung zähelastischer Körper und einige Möglichkeiten ihrer Anwendung in der Seismologie
Moskau: Verlag Nauka 1969. 85 S., 19 Abb., 1 Tab., 129 Lit.

PESCHEL, M.
Kypernetische Systeme
Berlin: VEB Verlag Technik 1970. 96 S., 39 Abb., 43 Lit.
(Reihe Automatisierungstechnik 100)

Prädevonische Verwitterungskrusten der Russischen Tafel
Moskau: Verlag Nauka 1969. 195 S., getr. Abb., Tab., 167 Lit.

QUERVAIN, F. de
Die nutzbaren Gesteine der Schweiz
Bern: Kümmerly & Frey i. Komm. 1969. 312 S., 6 S. Lit.

Systeme und Mittel der automatischen Steuerung in der Erdöl-Erdgas-Industrie
Moskau: Verlag Nedra 1970. getr. Abb., Tab., Lit.
(Arbeiten des Erdöl-Erdgas-Instituts I. M. Gubkin, 84)

...
Taschenbuch für Braunkohle · Erz · Salz · Erdöl · Steine und Erden 1969
Düsseldorf: Karl Marklein-Verl. GmbH 1969. 257 S., getr. Abb., Tab., Lit.

ZWECK, H.
Baugrunduntersuchungen durch Sonden. Raum-, Druck-, Dreh- und Flügelsonden
Berlin, München: Ernst-Verl. 1969. 111 S., 261 Lit.

BERNARD, J. H., u. a.
Die Mineralogie der Tschechoslowakei
Prag: Verlag Academia 1969. 432 S., 70 Abb., 6 Lit (tschech.)

Zeitschrift für angewandte Geologie, Bd. 17 (1971), Heft 1/2

Informationen

Sowjetischer Erdgasexport

Die erkundeten sowjetischen Erdgasvorräte betragen gegenwärtig mehr als 9 Bill. m³. Bei einem Eigenverbrauch von ca. 200 Mrd. m³ im Jahre 1969 sollen auch in der nächsten Zeit bis zu 18 Mrd. m³ Erdgas jährlich exportiert werden. Das Netz an Erdgasfernleitungen wuchs 1970 von 65000 auf über 70000 km Länge. Ab 1972 wird sowjetisches Erdgas auch in die DDR geliefert werden. Bis 1974/75 werden die Ungarische Volksrepublik und die VR Bulgarien an das Erdgasnetz angeschlossen sein.

Die ab 1. 10. 1973 vorgesehene Belieferung Westdeutschlands mit sowjetischem Erdgas erfolgt über Bratislava quer durch die ČSSR nach Marktredwitz. Hier wird das Erdgas von der westdeutschen Ruhrgas AG übernommen und soll dann in den Untertagegasspeicher Eschenfelden bei Nürnberg eingespeist werden. Von dort soll für das Gas eine Pipeline in das Gebiet von München gebaut werden. Das sowjetische Erdgas wird die bis dahin voraussichtlich erschöpften Erdgasfelder Bayerns ergänzen. Infolge seines höheren Heizwertes muß das Gas umgeformt werden.

Über Bratislava wird auch der geplante sowjetische Erdgasexport nach Österreich und Italien erfolgen. Weitere Vorverträge bzw. Kontakte über Erdgaslieferungen bestehen u. a. mit Schweden und Japan.

Derzeitige Lage der Erdgasindustrie der Welt

In den letzten acht Jahren ist die Fördermenge von Erdgas in der Welt pro Jahr im Durchschnitt um 8,3% angewachsen. Am Primärenergieverbrauch der Welt nimmt dieser Rohstoff derzeit mit 18% teil. Natürlich sind im einzelnen die Anteile sehr verschieden. So beträgt er in den USA beispielsweise 35%, in der UdSSR 20% und in den wichtigsten europäischen Ländern nur 3,5%.

Die nachgewiesenen Erdgasreserven der Welt werden auf 42,4 Bill. m³ geschätzt. Die Berechnungsmethoden der einzelnen Länder sind allerdings verschieden. Das an Vorräten reichste Land ist die UdSSR mit 9,2 Bill. m³. Die nachgewiesenen und die geschätzten Vorräte dieses Landes sollen nach Angaben des Stellvertretenden Sowjetischen Ministers für die Gasindustrie, SOROKIN, praktisch unbegrenzt sein. Die Vorräte der USA belaufen sich auf 8,0, die von Algerien auf 4,2, die von Bolivien und dem Iran auf 2,8 und die der Niederlande auf 2,3 Bill. m³.

Umfangreiche Erdgasreserven des Mittleren Ostens, Afrikas und Lateinamerikas bleiben derzeit ungenutzt. Soweit sie an die Produktion von Erdöl gebunden sind, werden sie meistens abgefackelt.

In Europa nehmen die Niederlande und Großbritannien (Nordseegebiet) bezüglich der Erdgasproduktion eine hervorragende Stelle ein. In den meisten anderen europäischen Lagerstätten gehen die Vorräte bereits zur Neige, so in Westdeutschland, in Italien und in Frankreich, wo es sich zeigte, daß die Vorräte der Lagerstätte von Lacq wesentlich überbewertet worden waren. In mehrere dieser Länder, so Westdeutschland und Italien, exportiert die UdSSR bereits Erdgas, oder sie wird sie demnächst mit Erdgas versorgen. Die Gesamthöhe des sowjetischen Erdgasexports wurde von SOROKIN mit 17 bis 18 Mrd. m³ angegeben. Diese Kapazität soll in naher Zukunft nicht wesentlich überschritten werden. Das sowjetische Erdgas ist wegen seiner Reinheit sehr gefragt. Während das Gas aus den Niederlanden nur 81,8 Vol.-% Methan enthält, führt das sowjetische 97,5 bis 99,5 Vol.-% Methan.

Die weitere Entwicklung zielt darauf ab, daß auch der Export von verflüssigtem Methan zugunsten vieler kleiner Länder mehr und mehr ausgebaut werden wird. Die Anzahl der diesbezüglichen Exportverträge und die Tonnage von derartigen Spezialschiffen nimmt in der ganzen Welt zu.

Erdgas in Äthiopien

Die Partnerschaft der Konzerne Mobil/Esso hat (nach „Petroleum Press Service", 1, 1970) eine über 27000 km² große Konzession im Küstenland und vor der Küste Äthiopiens. In der fündigen 2. Bohrung, die 1. wurde 1966 in 3538 m Tiefe ergebnislos abgebrochen, kommt das Gas aus 2950 m Teufe. Die Bohrung liegt in 64 m tiefem Wasser rd. 12 km vor der Küste und 125 km nördlich von Massaua.

Erdgas in Westdeutschland

Mehr und mehr werden die alten, auf dem Transport von Stadtgas basierenden Ferngasleitungen in Westdeutschland auf Erdgas umgestellt. In schnell steigendem Maße baut sich die Versorgung der Industrie und der Haushalte auf diesem Rohstoff auf. Nach neuen Schätzungen verfügt Westdeutschland über $337 \cdot 10^9$ m³ Erdgas. Die Aussichten auf weitere Funde werden günstig beurteilt. Als Fördermengen werden angegeben: 1968 = 6,5 Mrd. m³; 1969 = 7,9 Mrd. m³. Für 1970 wurden 9,8 Mrd. m³ erwartet. 1971 wird mit 11, 1975 mit rd. 15 Mrd. m³ veranschlagt. 90% der Förderung und ein entsprechend hoher Teil der Vorräte liegen im NW Westdeutschlands, der Rest entstammt bayrischen Lagerstätten.

Die dennoch bestehende Bedarfslücke schließt eine erhebliche Gaseinfuhr aus Holland, die bis 1975 auf 9,240 Mrd. m³ und 1980 auf 10,6 Mrd. m³ Erdgas steigen wird.

Die Sowjetunion liefert 1973 1,5 Mrd. m³ Erdgas, eine Menge, die schnell auf 5 Mrd. m³ gesteigert werden soll. Für die Zuführung ist eine Ferngasleitung vorgesehen, die aus der Ukraine über die ČSSR nach Westdeutschland führt.

Stahlproduktion der SFR Jugoslawien

1969 wurden in Jugaslowien 2,3 Mill. t Stahl erzeugt, 1970 waren es etwa 2,7 Mill. t. Diese Produktion kommt aus acht Hüttenwerken: Ravne (Slowenien), Niksic (Montenegro) und Store (Slowenien) mit je 200000 t/a Rohstahl, Sisak (Kroatien) und Jesenice (Slowenien) mit je 500000 t/a, Skopje (Mazedonien) und Smederewo (Serbien) mit 0,5 und 1 Mill. t, Zenica (Bosnien) mit 1 Mill. t/a. Vares und Ilijas (Bosnien) erzeugen nur Roheisen. In drei Jahren will Jugoslawien vom Rohstahlimport unabhängig sein und seinen Bedarf aus eigenen Erzvorräten und Werken decken. Im Hinblick auf die wachsende Stahlnachfrage sollen die Kapazitäten bis 1985 auf etwa 8 Mill. t/a erweitert werden.

Eisenerzförderung gestiegen

Die Eisenerzförderung der Welt stieg in den letzten fünf Jahren um 19,3 Prozent auf insgesamt 381,5 Mill. t. Der Anteil der westeuropäischen kapitalistischen Länder belief sich mit 52,6 Mill. t auf 13,8 Prozent. Die Steigerungsrate betrug allerdings nur 1,2 Prozent. Den größten Zuwachs — 464,5 Prozent — verzeichnete Australien in den vergangenen fünf Jahren. Der australische Anteil an der Weltförderung von Eisenerz erreichte jedoch nur 6,7 Prozent. Die Sowjetunion steigerte ihre Förderung im Berichtszeitraum um 24 Prozent auf 100,4 Mill. t, die Länder des amerikanischen Kontinents um 5,2 Prozent auf 117,9 Mill. t Eisenerz.

Ilmenitvorkommen Norwegens

Das größte Ilmenitvorkommen Norwegens und auch Europas ist das von Tellnes am Flekkefjord in Südnorwegen. Die nachgewiesenen Vorräte betragen z. Z. 350 Mill. t mit 18% TiO_2. Die Produktion beträgt durchschnittlich 400000 t/a Konzentrate mit 44% TiO_2, die überwiegend exportiert wird. Eine pyrometallische Weiterverarbeitung, die es ermöglicht, titanhaltige Schlacken mit mehr als 70% TiO_2 herzustellen, wird geplant.

Tranquilit

Zur Richtigstellung einer von uns bereits veröffentlichten Information wird mitgeteilt:

Prof. Dr. PAUL RAMDOHR hat bei der Untersuchung von Mondgestein mit einer Titan-Magnesium-Verbindung und einer Verbindung von Eisen-Titan und Zirkonium mineralische Neuentdeckungen gemacht, die auf der Erde bisher unbekannt waren. Einem ebenfalls bisher unbekannten mineralischen Mondmaterial haben Wissenschaftler den Namen „Tranquilit" gegeben.

Ferner wurde in Mondgestein das auf der Erde bekannte Mineral Dysanalyt gefunden, das reich an Seltenerdmetallen ist.

Gewinnungskosten für einige mineralische Rohstoffe in der ČSSR

Während des Internationalen Wissenschaftlichen Symposiums auf dem Gebiet der Markscheidekunde, der Grubengeologie und der Lagerstättengeometrie in Prag, das im August 1969 stattfand, wurden von berufener Seite einige Zahlen über die Gewinnungskosten von mineralischen Rohstoffen bekanntgegeben und in der „Montan-Rundschau" (2/1970) abgedruckt. Danach belaufen sich die Kosten für 1 t (SKE) Braunkohle aus dem nordböhmischen Braunkohlenrevier auf 149 kč; Erdöl (auf gleicher Bezugsbasis) kostet 198 kč, Erdgas 222 kč und Steinkohle aus Ostrava 310 kč.

Automatisch gesteuertes Entwässerungssystem

Derzeit läuft bei Kaliningrad ein weitflächiges Entwässerungsvorhaben, bei dem das 100000 ha betragende, unter dem Meeresspiegel liegende Ackerland melioriert wird. In das System einbezogen sind 122 Pumpstationen. Sie werden automatisch gesteuert, schalten sich je nach dem Wasserstand in den Meliorationskanälen selbständig ein oder aus und fördern das Wasser in die Ostsee. Im Durchschnitt sind aus diesem Gebiet jährlich etwa 10 Mill. m³ Wasser abzuführen.

Mitteilung über eine Spezialistenberatung der Ständigen Kommission für Geologie des RGW über die Zusammenarbeit auf dem Gebiet der Herstellung von Standardproben von Gesteinen und mineralischen Rohstoffen

Vom 31. 3. 1970 bis zum 3. 4. 1970 fand in Berlin eine Arbeitsberatung über die Herstellung und Verwendung von Standardproben statt. Die Teilnehmer der Beratung beschlossen, daß die bisherige gemeinsame Arbeit an den Standardproben für die Rationalisierung und Beschleunigung der analytischen Arbeiten, die sehr nützlich ist, forsgesetzt werden soll. Zur Zeit stehen im Rahmen dieser Arbeit folgende Standardproben zur Verfügung:

Granit (1); Basalt (2); Tonschiefer (3); Kalkstein (4); Anhydrit (5); Schwärzschiefer (6); Magnesit (7); Glassand (8); Steinsalze (9 bis 11).

Von diesen Proben liegen die Gehaltswerte für Hauptelemente und wesentliche Spurenelemente vor.

Auskunft über die Zusammensetzung und den Bezug der Proben 1 bis 6 gibt das Zentrale Geologische Institut, DDR-104 Berlin, Invalidenstraße 44, der Proben 7 und 8 das USTAV NEROSTNYCH SUROVIN, Kutná Hora, Hloušecká 279, ČSSR, und der Proben 9 bis 11 das INSTITUT GEOLOGYCZNY, VR Polen, Warszawa, Rakowiecka 4.

Kurznachrichten

Ein neuer Entwicklungsplan, der kürzlich in Moskau veröffentlicht worden ist, sieht vor, bis 1980 die **Erdöl- und Erdgasförderung in Westsibirien** zu verzehnfachen. Zum Abtransport sind neben Pipelines auch Eisenbahnen und der Bau von Autobahnen in Aussicht genommen.

Die **Ungarische VR** plant bis 1975 eine bedeutende Erhöhung ihrer Aluminiumproduktion. Zum Ausbau der Rohstoffbasis werden deshalb 1,4 Mrd. Forint für den **Bauxitbergbau** bereitgestellt. Die Zuwendungen für die Alaunerdeproduktion betragen im gleichen Zeitraum 1,2 Mrd. Forint.

Im Jahre 1970 hat die **VR Polen** ihre **Schwefelproduktion** um ganze 50% gesteigert. Damit sichert sich dieses Land weiterhin seinen Platz in der Weltspitzengruppe der Schwefelproduzenten.

In der **Ungarischen VR** wurde ein **Isotopengerät** für die Bestimmung der Kohlenqualität entwickelt, das den **Heizwert und Aschengehalt** der Kohle in kürzester Zeit ermittelt. Entgegen der bisherigen Bestimmungsmethode im Labor, für die 30 bis 40 Stunden benötigt wurden, liegen die Angaben jetzt nach wenigen Minuten vor. Die Intensität der Strahlung sowie die zurückgeworfenen Impulse werden dabei von dem Gerät automatisch aufgezeichnet.

Ein **geophysikalisches Observatorium** wird im Süden der sowjetischen Insel **Sachalin** errichtet. Alle für wissenschaftliche Zwecke bestimmten Gebäude werden aus unmagnetischen Baustoffen (Silikat-Mauersteinen, Holz und Kupfer) gebaut. Zu den Aufgaben des Observatoriums gehören u. a. Untersuchungen des Magnetfeldes der Erde, der Ionosphäre und der kosmischen Strahlung.

Die ausgestoßenen **Gase des Ätna** wurden jetzt mit einer Geschwindigkeit von 610 km/h bei einer Temperatur von 1100 °C ermittelt. Bisher schätzte man die **Geschwindigkeit** der ausströmenden Gase nur auf 180 km/h. Die Messungen wurden an der „Bocca nuova", einer seitlichen, 35 Quadratmeter großen Öffnung des Vulkans in 3200 m Höhe vorgenommen.

Bei Anchorage, in **Alaska**, wurde eine neue Zone mit **Blei-Zink-Silber-Vererzung** festgestellt. Sie hat eine Längserstreckung von 30 km und eine Breite von 3 km. Sie zieht sich über die Halbinsel Seward hin. Benachbart wurden kleine Lagerstätten von Molybdän und Wismut entdeckt.

In **Kanada** wird eine **Schwefel-Pipeline** mit einer Gesamtlänge von 600 km gebaut. Durch die Rohrleitung sollen jährlich 1,5 Mill. t Schwefel in Öl oder Wasser suspendiert von den Erdgasfeldern der Provinz Alberta an die Kanadische Westküste befördert werden.

Westdeutschland konnte mit 2,28 Mill. t K_2O seine **Kaliproduktion** 1969 gegenüber dem Vorjahr um ca. 3% steigern. Der Absatz erreichte mit 2,27 Mill. t K_2O nur knapp die Vorjahrsmenge.

Die Jeffrey Mine bei der kanadischen Stadt Asbestos, in der Provinz Quebec, die teils im Tiefbau, teils im Tagebau betrieben wird, liefert ca. 18% des **Weltasbestbedarfs**. Er wird, was die kapitalistischen Staaten betrifft, zu 90% aus kanadischen Lagerstätten gedeckt.

Nach neuen Berechnungen des Niedersächsischen Landesamtes für Bodenforschung verfügte **Westdeutschland** Anfang 1970 über **Vorräte** von 337 Mrd. Nm³ Erdgas und 81 Mill. t Erdöl, das sind 28 Mrd. Nm³ Erdgas weniger und 1,3 Mill. t Erdöl mehr, als in den bisherigen Schätzungen ausgewiesen wurden.

Die derzeit in **Westdeutschland** laufenden Auslaugungsarbeiten an Salzstöcken bei Wilhelmshaven und Hamburg-Harburg (Sottorf) zur **Untergrundspeicherung** für Rohöl und Mineralölprodukte sollen durch Einbeziehung anderer Salzstockprojekte erweitert werden.

Nachdem am Boden des **Japanischen Meeres** Seifen von **Gold und Zinn** entdeckt worden sind, beschäftigen sich derzeit sowjetische Geologen und Ingenieure mit verschiedenen Verfahren zu deren Gewinnung. Außerdem wurden auch Goldseifen an der Küste von Kamtschatka und auf der Insel Sachalin festgestellt.

In den nächsten Heften

der

Zeitschrift für angewandte Geologie

erscheinen u. a. folgende Beiträge

O. Wagenbreth, W. Lanitz & M. Reech: Lagerungsverhältnisse, Verwendungsmöglichkeiten und Abbauproblematik des Haselbacher Tons im Abraum der Braunkohle des Weißelster-Beckens

N. A. Beljajewski: Mineralvorräte in Australien

W. A. Kusnezow: Die Quecksilberprovinzen der UdSSR

M. A. Marinow: Geologische Erforschung der Mongolischen Volksrepublik

I. W. Nasarow: Einige methodische Fragen der Anwendung der Mathematik in der Geologie

L. M. Sorkin: Einige Fragen zur Migration von Kohlenwasserstoffen und zur Bildung ihrer Lager

W. S. Scharfman: Die Kennzeichen von Schlot- und schlotnahen Zonen an erodierten Paläovulkanen

G. Schwokowski: Inklinometermessungen und ihre Bedeutung für die Standsicherheitsuntersuchungen von Böschungen

E. M. Us: Die Effektivität geologischer Erkundungsarbeiten auf Erdgas und die Abbauvorbereitung der tieflagernden Gaskondensatlager im Gebiet von Krasnodar

W. W. Fedinskij: Die Mineralvorräte im maritimen Bereich und die Aufgaben der marinen Erkundungsgeophysik

H. Harwardt: Laser und ihre Anwendungen in der Geophysik

P. Kühn: Stand und Entwicklungstendenzen der Seegeophysik unter besonderer Berücksichtigung der geoelektrodynamischen Verfahren

K. Milde-Darmer: Die „gleitende Optimierung" — eine Methode zur Ermittlung der für die Lagerstättenerkundung notwendigen Bohrungsanzahlen

D. Schräber: Asche- und Müllkippen und ihre Auswirkungen auf das Grundwasser

Herausgeber: Zentrales Geologisches Institut im Auftrag des Staatssekretariats für Geologie beim Ministerrat der Deutschen Demokratischen Republik. Für die kollektive Chefredaktion: Dr. K. Kauter (Redaktionssekretär), Berlin. Redaktion: 1054 Berlin, Zionskirchstraße 34 (Fernsprecher 426001). Verlag: Akademie-Verlag GmbH, 108 Berlin, Leipziger Straße 3–4 (Fernsprecher 220441, Telex 0112020, Postscheckkonto: Berlin 35021). Bestellnummer des Heftes 1047/17/1/2. Alleinige Anzeigenannahme DEWAG-WERBUNG, 102 Berlin, Rosenthaler Str. 28–31, und alle DEWAG-Betriebe in den Bezirksstädten der DDR. Exportpreis: M 6,—, Sonderpreis für die DDR: M 2,— je Heft. — Satz und Druck: VEB Druckhaus „Maxim Gorki", 74 Altenburg. Veröffentlicht unter der Lizenznummer 1279 des Presseamtes beim Vorsitzenden des Ministerrates der Deutschen Demokratischen Republik, Kartengenehmigung Nr. 431/70

34114

ABHANDLUNGEN

des Zentralen Geologischen Instituts

Bisher erschienen

D. Franke

Stratigraphisches Korrelationsschema für das Silur der Deutschen Demokratischen Republik und angrenzender Gebiete

1964 – 36 Seiten – Anlageband mit 6 Tabellen – Halbleinen M 10,–

Heft 1

10 Jahre Paläontologie. Bericht über das Jubiläums-Kolloquium des Bereiches Paläontologie im Zentralen Geologischen Institut

1965 – 313 Seiten – 24 Tafeln – 12 Abbildungen – 8 Tabellen – Halbleinen M 15,–

Heft 2

H. Kado, F. Reuter, G. Bachmann

Die ingenieurgeologischen Eigenschaften der wichtigsten Lockergesteine der DDR unter Berücksichtigung ihrer Genese und physikalischen Kennzahlen

1966 – 134 Seiten – 107 Abbildungen – 15 Tabellen – Anlageband – Halbleinen M 15,–

Heft 3

Kolloquium aus Anlaß des 15jährigen Bestehens der Arbeitsgruppen Ingenieurgeologie am 20. und 21. Mai 1965 in Berlin

1965 – 97 Seiten – 2 Karten – 22 Abbildungen – 6 Tabellen – Halbleinen M 15,–

Heft 4

D. Rau

Untersuchungen zur Morphologie und Genese der Lößböden im Thüringer Becken

1965 – 71 Seiten – 12 Abbildungen – 14 Tabellen – Halbleinen M 10,–

Heft 5

I. Diener

Stratigraphisches Korrelationsschema für die Kreide der Deutschen Demokratischen Republik und angrenzender Gebiete

1966 – 137 Seiten – 6 Abbildungen – 3 Text-Tabellen – 12 Anlagen-Tabellen – Halbleinen M 15,–

Heft 6

H. Pfeiffer

Stratigraphisches Korrelationsschema für das Devon der Deutschen Demokratischen Republik und angrenzender Gebiete

1967 – X und 74 Seiten – 1 Abbildung – 4 Text-Tabellen – 5 Anlagen-Tabellen – 1 mehrfarbiges Profil – Halbleinen M 15,–

Heft 8

H. Döring, W. Krutzsch, D. H. Mai, E. Schulz

Erläuterungen zu den sporenstratigraphischen Tabellen vom Zechstein bis zum Oligozän

1966 – 149 Seiten – 8 Anlagen-Tabellen – Halbleinen M 15,–

Heft 9

Instruktion für die Anfertigung einheitlicher ingenieurgeologischer Grundkarten

1967 – VIII und 35 Seiten – Farb- und Zeichenerklärung – 9 Anlagen – Halbleinen M 15,–

Heft 10

Klimaänderungen im Tertiär aus paläobotanischer Sicht

1967 – LII und 228 Seiten – 28 Abbildungen – 11 Bildtafeln – Halbleinen M 30,–

Heft 11

H. Kästner

Zur Geologie der Kalisalz- und Kohlensäurelagerstätten im südlichen Werra-Kaligebiet

1969 – XI und 96 Seiten – 23 Abbildungen – 2 Tabellen – Halbleinen M 25,–

Heft 13

P. Puff

Über den Unteren Buntsandstein am Südrand des Thüringer Beckens

1969 – VII und 97 Seiten – 25 Abbildungen – 13 Tabellen – Halbleinen M 25,–

Heft 14

Autorenkollektiv

Engineering-Geological Mapping in the Countries of the Council of Mutual Economic Aid

1968 – X und 148 Seiten – 28 Abbildungen – 6 Tabellen – 10 Anlagen – Halbleinen M 30,–

In Vorbereitung befinden sich

Heft 15

H. Pfeiffer

Stratigraphisches Korrelationsschema für das Dinant der Deutschen Demokratischen Republik

Heft 17

C. Adam

Beiträge zur Kenntnis der Kaoline und Tertiärtone in Nordostsachsen

Heft 19

P. Krüger

Die Verteilung der Schwefelisotope in sedimentären Eisensulfiden unter Berücksichtigung der Redoxbeziehungen im Bildungsraum

Heft 20

H. Lange, C. Schröter

Bibliographie der geologischen Wissenschaften für die Deutsche Demokratische Republik, Veröffentlichungen des Jahres 1968

Bestellungen nimmt die Vertriebsstelle des Zentralen Geologischen Instituts, 104 Berlin, Invalidenstraße 44, entgegen.

Bei Fragen zur Produktsicherheit wenden Sie sich bitte an:
If you have any questions regarding product safety,
please contact:

Walter de Gruyter GmbH
Genthiner Straße 13
10785 Berlin
productsafety@degruyterbrill.com